FANUC工业机器人应用工程师实训系列

工业机器人虚拟仿真应用教程

智造云科技　左立浩　徐忠想　康亚鹏　**主编**

机械工业出版社

本书以FANUC机器人为对象，使用FANUC公司的机器人仿真软件ROBOGUIDE进行工业机器人的基本操作、功能设置、二次开发、在线监控与编程、方案设计和验证的学习。中心内容包括认识、安装工业机器人仿真软件，创建新的工作单元，菜单界面介绍，基本功能介绍，建立基本仿真模型，建立基本仿真模型程序，新建弧焊应用工作单元，创建变位机，利用模型库创建机器人行走轴，通过自建数模创建机器人行走轴，变位机协调功能，添加其他外围设备，仿真录像的制作，2D视觉设置，3D视觉设置，手机壳打印仿真实验，3C产品装配仿真实验和智能柔性生产线的虚拟仿真。

本书可以作为职业院校工业机器人技术及相关专业的教材，也可供从事自动化相关专业的工程技术人员和从事工业机器人应用开发、调试与现场维护的工程师参考。

图书在版编目（CIP）数据

工业机器人虚拟仿真应用教程/左立浩，徐忠想，康亚鹏主编. —北京：机械工业出版社，2019.1（2025.3重印）

（FANUC工业机器人应用工程师实训系列）

ISBN 978-7-111-61275-9

Ⅰ．①工… Ⅱ．①左… ②徐… ③康… Ⅲ．①工业机器人—计算机仿真—虚拟现实—教材 Ⅳ．①TP242.2

中国版本图书馆CIP数据核字（2018）第247326号

机械工业出版社（北京市百万庄大街22号 邮政编码100037）

策划编辑：周国萍 责任编辑：周国萍

责任校对：刘志文 封面设计：马精明

责任印制：张 博

北京雁林吉兆印刷有限公司印刷

2025 年 3 月第 1 版第 6 次印刷

184mm×260mm·14.5印张·353千字

标准书号：ISBN 978-7-111-61275-9

定价：45.00元

电话服务 网络服务

客服电话：010-88361066 机 工 官 网：www.cmpbook.com

　　　　　010-88379833 机 工 官 博：weibo.com/cmp1952

　　　　　010-68326294 金 书 网：www.golden-book.com

封底无防伪标均为盗版 机工教育服务网：www.cmpedu.com

前　言

随着工业机器人在我国的大量应用，工业机器人的离线三维仿真技术已成为技术人员必须掌握的技能。

1959年第一台工业机器人诞生，最初使用的是示教编程。示教编程是通过示教器直接控制机器人移动变换其姿态和位置，记录下移动轨迹，改变并调节速度和运动方式。利用示教器上的操作手柄或者操作按键，可以很直观地看到机器人每个轴或者每个关节的运动姿态和速度。但示教编程要求现场作业，编程工作量比较大，效率低，无法通过模拟的方式验证方案的可行性，同时也无法获得准确的周期时间。运用三维离线仿真软件，可以远离操作现场和工作环境进行机器人仿真、轨迹编程和轨迹程序的输出，同时它围绕一个离线的三维世界进行模拟，在这个三维世界中模拟现实中的机器人和周边设备的布局，通过其中的示教器示教，进一步模拟运动轨迹。通过这样的模拟可以验证方案的可行性，同时获得准确的周期时间。

ROBOGUIDE是FANUC（发那科）机器人公司提供的一款三维离线仿真软件，包括搬运、弧焊、喷涂和点焊等模块。ROBOGUIDE的仿真环境界面是传统的Windows界面，由菜单栏、工具栏、状态栏等组成。

本书通过项目式教学的方法，对FANUC公司的ROBOGUIDE的操作以及具体项目的应用进行了全面讲解。

本书内容以实践操作为主线，采用以图为主的编写方式，通俗易懂，适合作为职业院校工业机器人技术及相关专业的教材。同时，本书也适合从事工业机器人应用开发、调试、现场维护的工程技术人员学习和参考，特别是已掌握FANUC机器人基本操作，需要进一步掌握机器人工程应用模拟仿真的工程技术人员参考。

本书由智造云科技的左立浩、徐忠想、康亚鹏主编，同时参与编写的还有孙静静、黄雄杰、陈灯、李梅、李先雄、张宇、张磊、周盼、周伟、许宏林、刘堃、李波。智造云科技是FANUC产品在国内教育市场的深度合作伙伴，本书在编写过程中得到了上海发那科机器人有限公司封佳诚、林谊先生的大力协助，他们提供了很多的技术支持及宝贵意见，在此深表感谢！

编者虽然尽力使内容清晰准确，但肯定还会有不足之处，欢迎读者提出宝贵的意见和建议。

编　者

目　录

项目 ①

ROBOGUIDE 工业机器人仿真软件概述

项目描述

本项目主要讲解了FANUC工业机器人虚拟仿真软件的主要功能和功能模块。

项目实施

1. ROBOGUIDE虚拟仿真软件功能简介

ROBOGUIDE是一款FANUC自带的支持机器人系统布局设计和动作模拟仿真的软件，可以进行系统方案的布局设计，机器人干涉性、可达性分析和系统的节拍估算，还能够自动生成机器人的离线程序，进行机器人故障的诊断和程序的优化等。ROBOGUIDE的主要功能如下：

（1）系统搭建　ROBOGUIDE提供了一个3D的虚拟空间和便于系统搭建的3D模型库。模型库中包含FANUC机器人的数模、机器人周边设备的数模以及一些典型工件的数模。ROBOGUIDE可以使用自带的3D模型库，也可以从外部导入3D数模进行系统搭建。如图1-1所示。

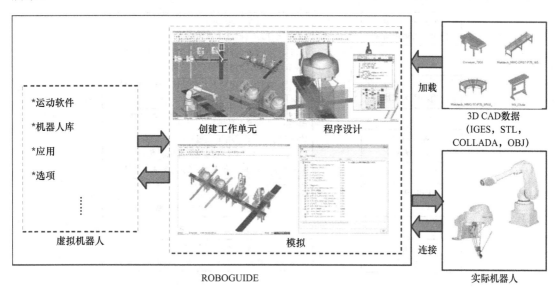

图　1-1

（2）方案布局设计　在系统搭建完毕后，需要验证方案布局设计的合理性。一个合理的布局不仅可以有效地避免干涉，而且还能使机器人远离限位位置。ROBOGUIDE通过显示机器人的可达范围，确定机器人与周边设备摆放的相对位置，保证可达性的同时有效避免了干涉。此外，ROBOGUIDE还可以对机器人进行示教，使机器人远离限位位置，保持良好的工作姿态。ROBOGUIDE能够显示机器人可达范围和它的示教功能，使得方案布局设计更加合理。

（3）干涉性、可达性分析　在进行方案布局过程中，不仅须确保机器人对工件的可达性，也要避免机器人在运动过程中的干涉性。在ROBOGUIDE仿真环境中，可以通过调整机器人和工件间的相对位置来确保机器人对工件的可达性。机器人运动过程的干涉性包括：机器人与夹具的干涉、与安全围栏的干涉和其他周边设备的干涉等。ROBOGUIDE中的碰撞冲突选项可以自动检测机器人运动时的干涉情况。

（4）节拍计算与优化　ROBOGUIDE仿真环境下可以估算并且优化生产节拍。依据机器人运动速度、工艺因素和外围设备的运行时间进行节拍估算，并通过优化机器人的运动轨迹来提高节拍。

（5）离线编程　对于较为复杂的加工轨迹，可以通过ROBOGUIDE自带的离线编程功能自动生成离线程序，然后导入真实的机器人控制柜中。可大大减少编程示教人员的现场工作时间，有效提高工作效率。

ROBOGUIDE贯穿于系统方案设计分析、项目实施的整个过程，是机器人应用领域中工程技术人员不可或缺的工具。

2．ROBOGUIDE虚拟仿真软件功能模块

ROBOGUIDE是一款模拟仿真软件，常用的有ChamferingPRO、HandlingPRO、WeldPRO、PalletPRO和PaintPRO等模块。ChamferingPRO用于去毛刺、倒角仿真应用，HandlingPRO用于机床上下料、冲压、装配、注塑机等物料搬运仿真应用，WeldPRO用于弧焊、激光切割等仿真应用，PalletPRO用于各种码垛仿真应用，PaintPRO用于喷涂仿真应用。每种模块加载的应用工具包不同，如图1-2所示。

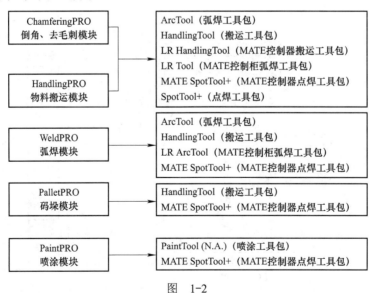

图　1-2

除了常用的模块之外，ROBOGUIDE还包括其他的模块，方便用户快捷创建并优化机器人程序，如图1-3所示。例如，4D Edit编辑模块是将真实的3D机器人模型导入示教器中，将

3D模型和1D内部信息结合形成4D图像显示功能。MotionPRO运动优化模块可以对TP（Teach Pendant，示教器）程序进行优化，包括对节拍和路径的优化，节拍优化要求电动机在可接受的负荷范围内进行，路径优化需要设定一个允许偏离的距离，使机器人的运动路径在设定的偏离范围内接近示教点。

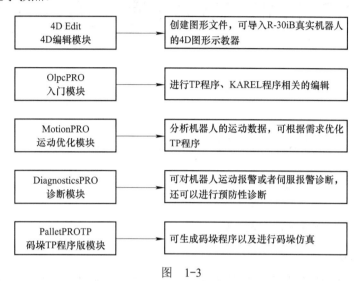

4D Edit 4D编辑模块	创建图形文件，可导入R-30iB真实机器人的4D图形示教器
OlpcPRO 入门模块	进行TP程序、KAREL程序相关的编辑
MotionPRO 运动优化模块	分析机器人的运动数据，可根据需求优化TP程序
DiagnosticsPRO 诊断模块	可对机器人运动报警或者伺服报警诊断，还可以进行预防性诊断
PalletPROTP 码垛TP程序版模块	可生成码垛程序以及进行码垛仿真

图 1-3

ROBOGUIDE还提供了一些功能的插件来拓展软件的功能。例如，当在ROBOGUIDE中安装Line Tracking直线跟踪功能时，机器人可以自动补偿工件随导轨的移动，将绝对运动的工件当作相对静止的物体。因此，可以实现在不停止装配流水线的前提下，机器人对流水线上的工件进行相应的操作。安装Coordinated Motion协调运动软件时，机器人与外部轴做协调运动，使机器人处于合适的焊接姿态来提高焊接质量。Spray Simulation插件可以根据实际情况建立喷枪模型，然后在ROBOGUIDE中模拟喷涂效果，查看膜厚的分布情况。安装能源评估功能插件可在给定的节拍内优化程序，使能源消耗最少，也可在给定的能源消耗内优化程序，使节拍最短。寿命评估功能插件可在给定的节拍内优化程序，使减速机寿命最长；也可在给定的寿命内优化程序，使节拍最短。

项目测试

1. 填空题

（1）ChamferingPRO用于_____、_____。

（2）HandlingPRO用于_____、_____、_____、注塑机等物料搬运仿真应用。

（3）WeldPRO用于_____、激光切割等仿真应用，PalletPRO用于_____应用，PaintPRO用于_____应用。每种模块加载的应用工具包是不同的。

2. 简答题

请简单概述ROBOGUIDE虚拟仿真软件的功能。

项目②

ROBOGUIDE 工业机器人仿真软件安装

项目描述

本项目需要掌握ROBOGUIDE工业机器人仿真软件的安装。

项目实施

1. 安装ROBOGUIDE时的注意事项

1）应以管理员身份登录。

2）停止其他活动应用程序（包括常驻软件，如防病毒软件）。如果防病毒软件有效，安装可能需要很长时间。

3）更新图形驱动程序。如果图形驱动程序过期，绘图可能非常慢。最好安装由图形芯片供应商提供的图形驱动程序。

4）如果遇到安装错误，尝试如下：①禁用防病毒软件，然后重试；②在安装ROBOGUIDE之前尝试Windows Update。

5）如果安装中断，请重试。

6）如果遇到"ISRT_CreateObject"引发的"异常代码（××××，××××）"错误，先运行"LicenseChecker/setup.exe"，然后运行"setup.exe"。

7）安装需要足够的磁盘空闲空间。如果磁盘可用空间不足，则无法安装ROBOGUIDE。

8）如果使用端口3002，则无法安装ROBOGUIDE。端口由"服务"文件定义（如果是Windows目录的C：\winnt，它位于C：\winnt \ system32 \ drivers \ etc）。如果要使用端口3002，可使用端口3002卸载软件，并从"服务"文件中删除指定端口3002的行。

9）使用升级包（例如标准升级包A08B-9410-J689），即使未在PC中安装旧版本的ROBOGUIDE，也可以安装新版本。

2. 安装ROBOGUIDE软件

本书中所用软件版本号为V8.2，不同版本的操作界面略有不同。执行安装盘里的setup.exe，按照提示安装所需的系统组件以及机器人软件版本，选择安装目录。完成安装后，系统会提示需要重启，重启之后，即可使用ROBOGUIDE。

1）单击"setup"，如图2-1所示。显示"ROBOGUIDE BootStrapper Setup"对话框。单击"Install"安装按钮，如图2-2所示。安装运行ROBOGUIDE所需的组件。

图 2-1

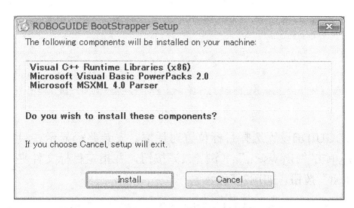

图 2-2

2）在ROBOGUIDE设置对话框单击"Next"（下一步>）按钮，如图2-3所示。

图 2-3

3）显示ROBOGUIDE设置-许可协议对话框，检查详细信息，然后单击"Yes"（是）按钮，如图2-4所示。

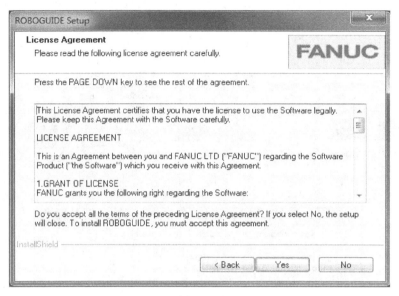

图　2-4

4）显示ROBOGUIDE设置选择目标位置对话框。安装路径显示在目标文件夹。如果要更改目标文件夹，单击"Browse..."（浏览...）按钮，并指定目标文件夹即可。指定目标文件夹后，单击"Next"按钮，如图2-5所示。

图　2-5

5）显示FANUC ROBOGUIDE的检查要安装的过程插件对话框。选择要安装的功能，然后单击"Next"按钮，如图2-6所示。这里可以选择的功能因购买的选项而异。

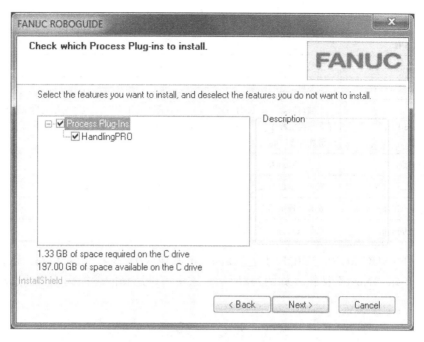

图　2-6

6）显示FANUC ROBOGUIDE的检查要安装的实用程序插件对话框。选择要安装的功能，然后单击"Next"按钮，如图2-7所示。这里可以选择的功能因购买的选项而异，见表2-1。

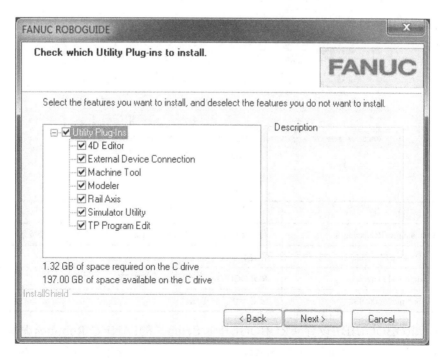

图　2-7

表　2-1

特　　征	内　　容
4D Editor	安装可导出位于对象的"4D编辑器"
External Device Connection	安装可以连接外部设备和虚拟机器人的I／O信号的"外部设备连接"
Machine Tool	安装可以显示和编辑I／O信号的"I／O面板实用程序"，可以轻松创建和修改TP程序的"处理支持实用程序"，可以创建TP程序以自动返回起始位置的"逻辑仿真助手"，可以帮助程序仿真包含I／O信号
Modeler	安装"Modeler"，是简单的CAD软件
Rail Axis	安装"轨道单元创建器"，可以轻松添加轨道轴到机器人
Simulator Utility	安装"模拟器"，是ROBOGUIDE和实际机器人的通信功能
TP Program Edit	安装TP程序的"查找和替换功能"

7）显示FANUC ROBOGUIDE的检查要添加的其他应用程序功能对话框。选择要安装的功能，然后单击"Next"按钮，如图2-8所示。这里可以选择的功能因购买的选项而异，见表2-2。

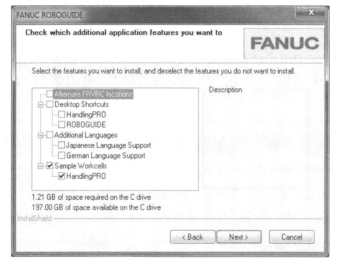

图　2-8

表　2-2

特　　征	内　　容
Alternate FRVRC locations	可以更改虚拟机器人控制器的安装目录。通常，不需要安装
Desktop Shortcuts	创建桌面快捷方式
Additional Languages	ROBOGUIDE可以翻译成日语和德语
Sample Workcells	安装示例工作单元

8）显示ROBOGUIDE设置（ROBOGUIDE Setup）的FANUC Robotics虚拟机器人选择（FANUC Robotics Virtual Robot Selection）对话框。选择虚拟机器人的版本，然后单击"Next"按钮，如图2-9所示。

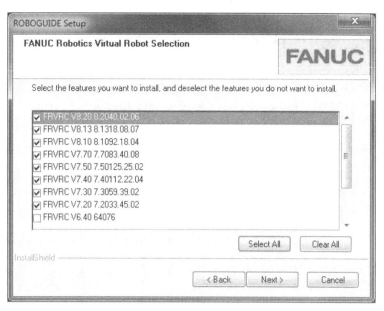

图 2-9

如果单击"Select All"（全选）按钮，则所有版本都被选中；如果单击"Clear All"（全部清除）按钮，则所有版本都未选中。

9）显示"ROBOGUIDE设置（ROBOGUIDE Setup）的开始复制文件（Start Copying Files）"对话框。检查安装设置，然后单击"Next"按钮，如图2-10所示。

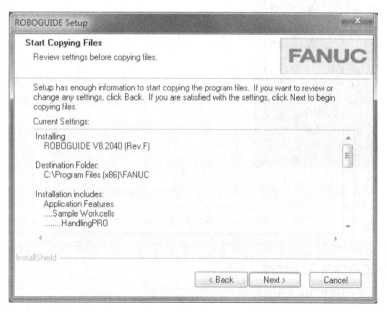

图 2-10

10）等待几分钟，直到安装完成。如图2-11所示。

11）显示FANUC ROBOGUIDE的InstallShield向导完成（FANUC ROBOGUIDE-InstallShield Wizard Complete）对话框时，安装完成。单击"Finish"（完成）按钮，并确认

ReadMe文件，如图2-12所示。

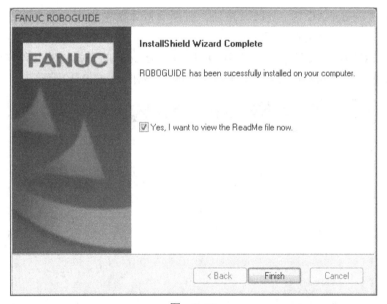

图　2-11

图　2-12

12）安装完成后可能需要重新启动PC。请按照安装人员的指示进行安装。

3．卸载ROBOGUIDE软件

不同操作系统卸载ROBOGUIDE软件的步骤如下：

（1）Windows XP　打开控制面板，然后单击"Programs"（添加或删除程序），如图2-13所示。从安装程序列表中选择"FANUC ROBOGUIDE"，如图2-14所示，然后单击"Change/Delete"（更改/删除）。

（2）Windows Vista

1）打开控制面板，然后单击"Programs and functions"（程序和功能）。

2）从安装程序列表中选择"FANUC ROBOGUIDE"，然后单击"Uninstall/Change"（卸载或更改程序）。

图 2-13

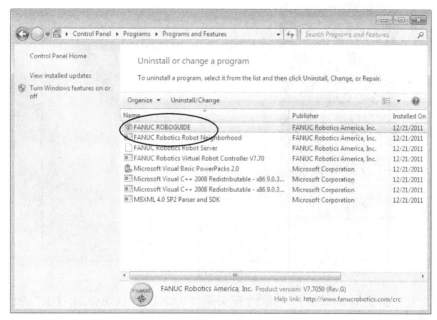

图 2-14

（3）Windows 7、Windows 8 打开控制面板，然后单击"Programs/Uninstall"（程序/卸载程序）。

以下过程对于Windows XP / Windows Vista / Windows 7 / Windows 8很常见。

1）显示ROBOGUIDE的卸载程序。单击"Next"按钮，如图2-15所示。

2）等待一段时间，直到卸载完成。

3）显示FANUC ROBOGUIDE的InstallShield向导完成对话框时，卸载完成。单击"Finish"按钮，如图2-16所示。在某些情况下，可能需要重新引导。

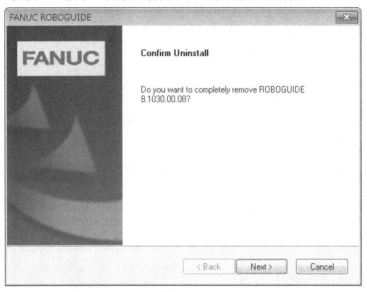

图　2-15

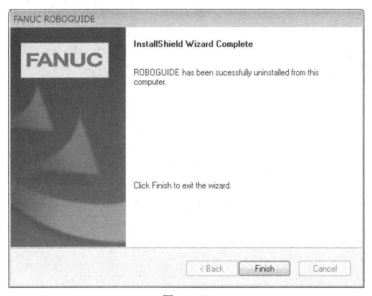

图　2-16

此外，应根据需要卸载程序名称的开头是"FANUC ROBOGUIDE"和"FANUC Robotics"的程序。

项目测试

简答题

简述安装时的主要步骤。

ROBOGUIDE 创建新的工作单元

项目描述

使用ROBOGUIDE可以在称为工作单元的3D虚拟空间中排列对象，例如机器人、夹具和零件。本章介绍如何创建虚拟机器人和工作单元。

项目实施

1. 创建一个新的工作单元

创建新的工作单元，单击"File"（文件）下的"Start New Cell"（新建单元）或单击"1"，如图3-1所示。启动新单元格"Process Navigator"，支持创建工作单元的功能。根据过程导航器的提示继续操作，则可以轻松创建工作单元。

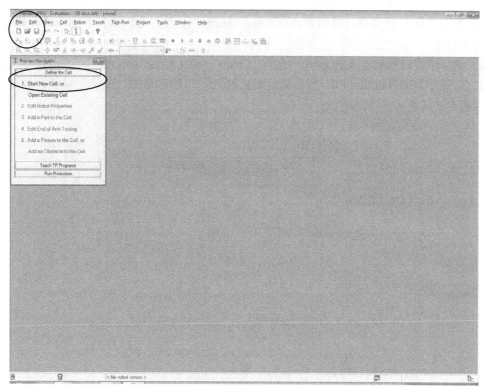

图 3-1

如果打开现有工作单元，单击"File"下的"Open Cell"（打开单元格）或单击"Wizard Narigator"（过程导航器）上的"Open existing cells"。如图3-2所示。

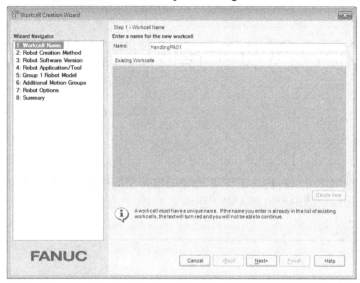

图　3-2

创建一个新的工作单元具体步骤如下：

1）单击"File"，选择"New cell"，弹出"Workcell Creation Wizard"（单元格创建向导）对话框。根据此向导进行设置。

2）输入工作单元名称，然后单击"Next"按钮。注意：工作单元名称不能与现有工作单元名称相同。

3）选择创建虚拟机器人的方法。选择"Create a new robot with the default Handling PRO config"（使用默认HandlingPRO配置创建新机器人），然后单击"Next"按钮，如图3-3所示。其他方法请参考在线帮助。

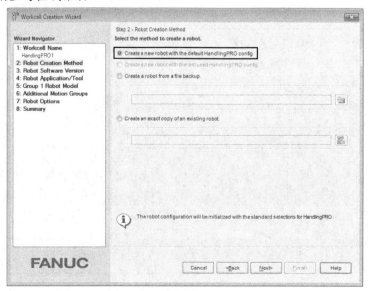

图　3-3

4）选择一个版本的虚拟机器人，然后单击"Next"按钮。

5）根据需要选择应用程序/工具（Robot Application/Tool），然后单击"Next"按钮，如图3-4所示。

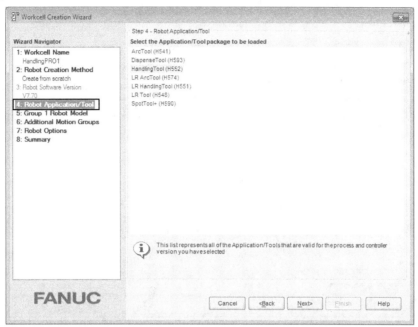

图　3-4

6）从包含所有机器人的列表中选择主机器人型号。如果找不到要使用的机器人型号，请重试，应启用"Show the robot model variation names"（显示机器人型号变量名称）复选框，如图3-5所示。

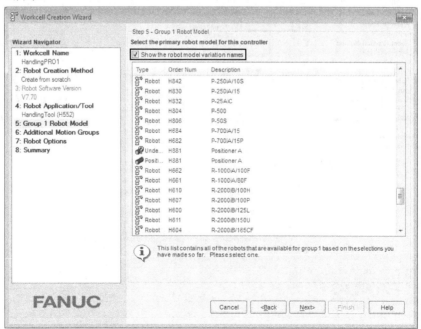

图　3-5

7）为其他运动组选择机器人和定位器，如图3-6所示。

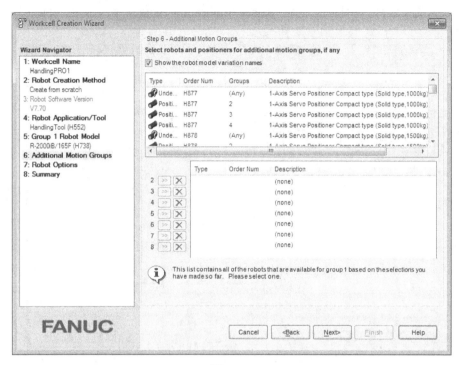

图　3-6

8）选择"Software Options"（软件选项），然后单击"Next"按钮，如图3-7所示。

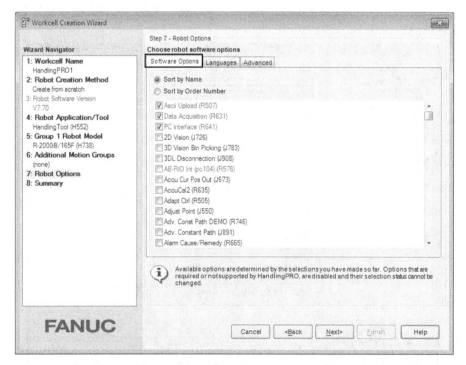

图　3-7

9）确保选择正确，然后单击"Finish"按钮，如图3-8所示。

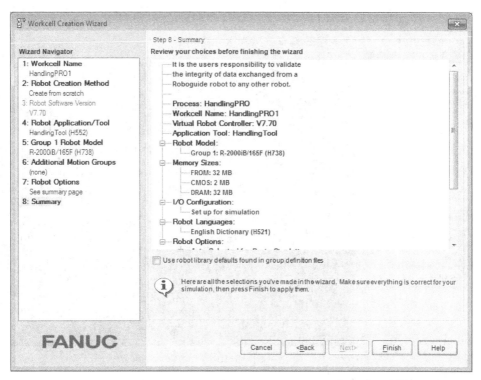

图 3-8

10）在完成设置之后，在初始启动模式下启动虚拟机器人。等待一段时间，直到初始启动完成，如图3-9所示。

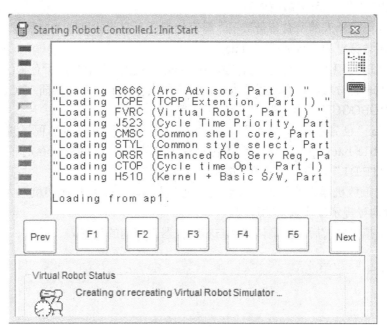

图 3-9

11）最小需求组成的工作单元创建完成，如图3-10所示。

图　3-10

2．从备份创建工作单元

使用ROBOGUIDE，可以从实际机器人的备份文件中创建工作单元。有关所有备份的详细信息，请参阅实际机器人手册。

从备份创建工作单元的操作如下：

1）获取实际机器人的所有备份数据。将存储卡插入实际的机器人控制器。

2）选择示教器上的"Menu"-"File"。

3）按F4"BACKUP"，然后选择"All or more"（全部以上），所有备份开始。

4）完成所有备份后，从实际机器人控制器中取出存储卡，并将其插入PC。

5）运行ROBOGUIDE，创建一个新的工作单元。

6）通过与"创建新工作单元""机器人创建方法"相同的过程，选择"Create a robot from a file backup"（从文件备份创建机器人），然后从保存的备份数据中选择"BACKUPDATE.DT"，单击"Next"按钮。

7）从备份加载机器人的配置。自动设置机器人版本、应用程序和机器人型号。应根据工作单元创建向导提示操作剩余的过程。

8）创建虚拟机器人后，应确认具有与实际机器人相同的配置。

项目测试

实操题

如何在计算机上打开ROBOGUIDE仿真软件，创建一个新的工作单元。

项目 ④

ROBOGUIDE 菜单界面介绍

项目描述

本项目主要介绍ROBOGUIDE界面及鼠标相关操作。

项目实施

1. ROBOGUIDE对话框介绍

ROBOGUIDE对话框示意如图4-1所示。它由工具栏、菜单栏、进程导航器、单元格浏览器和状态栏组成。

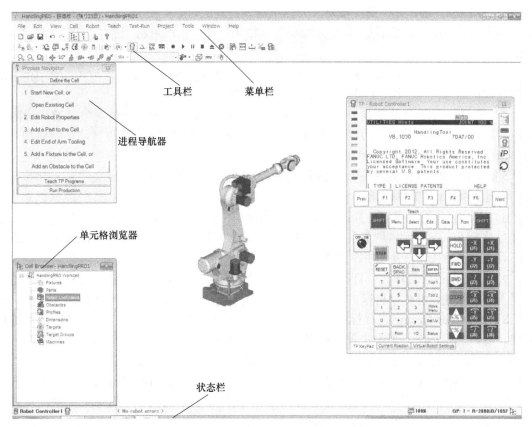

图 4-1

（1）进程导航器　　它是支持创建工作单元的功能。可以根据进程导航器显示的过程轻松创建工作单元。如图4-2所示。

（2）单元格浏览器　　工作单元的所有元件（机器人、程序、部件等）以树结构显示在单元格浏览器上。读者可以从单元格浏览器访问这些元素，如图4-3所示。

图　4-2　　　　　　　　　　　　　　　　　图　4-3

1）Fixtures（夹具）：夹具被定义为放置零件的物体。使用与夹具相关联的部件。当夹具移动时，相关部件也一起移动。为了添加夹具，右击单元格浏览器中的"Fixtures"，然后单击"Add fixture"（添加夹具），或从菜单的"Cell"单击"Add fixture"。

2）Parts（部件）：部件被定义为由机器人处理的对象。要添加部件，可右击单元格浏览器中的"Parts"，然后单击"Add part"（添加部件）；或单击菜单"Cell"中的"Add part"。

3）Robot Controllers（机器人控制器）：机器人控制器被定义为在ROBOGUIDE上创建的虚拟机器人。可以设置程序、工具框、用户框等。

4）Obstacles（障碍物）：障碍物被定义为机器人不应该接触的对象。要添加障碍物，可右击单元格浏览器中的"Obstacles"，然后单击"Add obstacles"（添加障碍物）；或单击菜单"Cell"中的"Add obstacles"。

5）Profiles（配置文件）：包括模拟的周期时间的信息显示在配置文件上。模拟开始时，将自动添加配置文件数据。

6）Dimensions（尺寸）：尺寸定义为工作单元中对象上指定的两点之间的距离。要添加尺寸，可右击单元格浏览器中的"Dimensions"，然后单击"Add Dimensions"；或单击工具栏上的按钮，并使用距离测量工具。

7）Targets（目标）：目标被定义为工作单元上的位置信息。要添加目标，可单击工具栏上的按钮，并使用目标工具。有关如何使用目标工具，请参阅在线帮助。

8）Target Groups（目标组）：目标组被定义为目标的分组。TP程序可以从目标组创建。要添加目标组，可右击单元格浏览器中的"Target Groups"，然后单击"Add target Group"（添加目标组）；或单击菜单"Cell"中的"Add target Group"。

9）Machines（机器）：机器被定义为通过伺服电动机或I/O信号操作的外围设备，例如轨道轴和机器人手爪，以及机床的自动化开关门。要添加机器，右击单元格浏览器中的"Machines"，然后单击"Add machine"（添加机器）；或单击菜单"Cell"中的"Add machine"。

（3）工具栏 在工具栏上，经常使用的操作被布置为按钮。如果单击按钮，则可以轻松调用该函数。

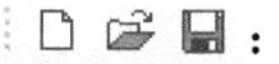

▢ 🖿 🖫：分别为创建新工作单元，打开工作单元，保存工作单元。

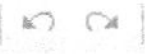

🖙 🖘：分别为撤销和重做。

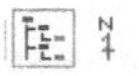

🔲 ↯：分别为显示单元格浏览器和显示进程导航器。

🖉：选择示教工具。

🖥：显示虚拟示教器。

🔳：显示运行面板。

● ▶ ‖ ■ ▲ ⊗：分别为执行程序、停止程序、录制视频等。

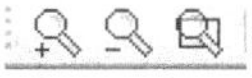

🔍 🔍 🔍：放大/缩小。

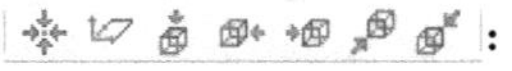

✛ ⬐ 🔲 🔲 🔲 🔲 🔲：更改视图方向。

🔲：查看线框。

◎：运行测量工具。

（4）菜单栏 在菜单栏中，对每个项目分类ROBOGUIDE的功能。可从菜单栏选择功能。如图4-4所示。

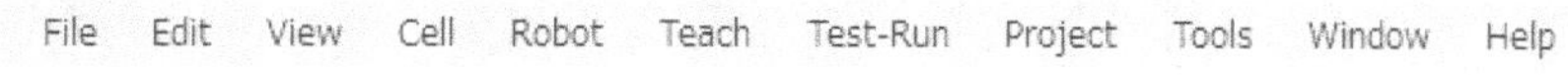

File   Edit   View   Cell   Robot   Teach   Test-Run   Project   Tools   Window   Help

图 4-4

（5）状态栏 在状态栏中，显示所选机器人控制器和程序的名称，以及错误信息。如图4-5所示。

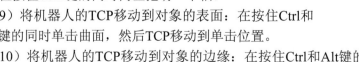

图 4-5

2. ROBOGUIDE的鼠标相关操作

1）旋转视图：向右拖动。

2）平移视图：按住Ctrl键的同时向右拖动，或在按下滚轮按钮的同时移动鼠标。

3）放大/缩小：同时按住鼠标的两个按钮，在上、下方向上移动鼠标或旋转滚轮按钮。

4）选择对象：单击对象。

5）打开对象属性页：双击一个对象。

6）沿一个轴移动对象：选择一个对象，并在其上显示绿色三元组，向左拖动一个轴，如图4-6所示。

7）移动对象：选择一个对象，并在其上显示绿色三元组，在按住Ctrl键的同时向左拖动绿色三元组。

8）旋转对象：选择一个对象，并显示一个绿色三元组，在按住Shift键的同时向左拖动一个轴。

9）将机器人的TCP移动到对象的表面：在按住Ctrl和Shift键的同时单击曲面，然后TCP移动到单击位置。

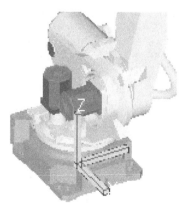

图 4-6

10）将机器人的TCP移动到对象的边缘：在按住Ctrl和Alt键的同时单击边缘，然后TCP

21

移动到单击位置。

11）将机器人的TCP移动到对象的顶部：在按住Ctrl、Alt和Shift键的同时单击顶部，然后TCP移动到单击位置。

项目测试

1. 填空题

（1）ROBOGUIDE对话框主要分为五大部分：菜单栏、工具栏、_____、_____和_____。

（2）单元格浏览器中包含的元素为_____、_____、_____、_____、配置文件、尺寸、目标、目标组、机器。

2. 简答题

简述ROBOGUIDE是如何对视图进行旋转、平移、放大/缩小。

项目 5

ROBOGUIDE 基本功能介绍

项目描述

本项目主要介绍ROBOGUIDE的基本功能。

项目实施

ROBOGUIDE的基本功能如下：

（1）4D Edit with ROBOGUIDE Simulation（用ROBOGUIDE模拟功能进行4D编辑）　此功能可将ROBOGUIDE的仿真对象（如夹具或零件）导出至R-30iB示教器的4D图形。要运行4D编辑，在单元格浏览器上右击4D编辑视图，然后选择"Add 4D edit view"（添加4D编辑视图），双击添加的视图即可，如图5-1所示。

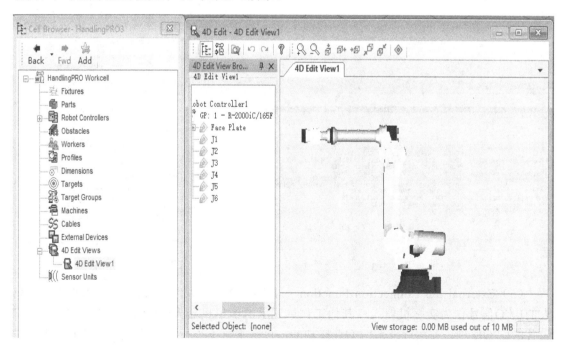

图　5-1

（2）I/O Panel Function（I/O面板功能）　此功能可以显示和更改I/O信号。此外，可以使用时间图显示I/O状态的更改。要运行I/O面板功能，可在主菜单"Tools"下选择"I/O panel utility（I／O面板实用程序），如图5-2所示。

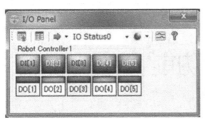

图　5-2

（3）KCL Window（KCL窗口）　此函数可以执行KAREL命令。要运行KCL窗口，可在主菜单"Robot"下选择"KCL Window"，对话框如图5-3所示。

（4）Move and Copy Object Function（移动和复制对象功能）　此功能可以将3D世界中的对象或教学点移动到指定位置。此外，此功能可以将移动的对象复制到移动后的位置。要运行移动和复制对象功能，单击工具栏上的 按钮，弹出对话框如图5-4所示。

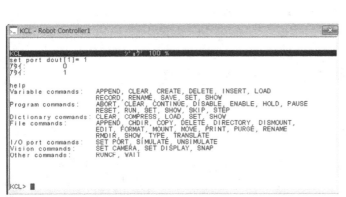

图　5-3　　　　　　　　　　　　　图　5-4

（5）External I/O Connection Function（外部I／O连接功能）　该功能可以将虚拟机器人的I／O信号作为实际机器人、其他工作单元上的虚拟机器人、CNC、NC和PLC等外部设备的I／O信号。要运行外部I／O连接功能，可在主菜单"Tools"下选择"External I／O Connection"，弹出对话框如图5-5所示。

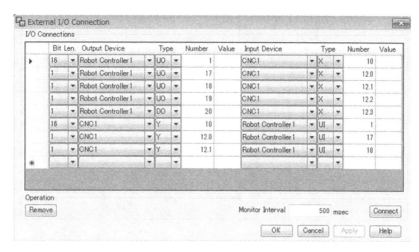

图 5-5

（6）Joint Jog Tool（联动点动工具） 此功能可以在3D世界中执行关节慢动操作。通过拖动轴上的绿色T形杆移动机器人。要启用联动点动工具，在主菜单"Robot"下选择"Joint Jog Tool"。如图5-6所示为启用联动电动工具后的机器人状态图。

图 5-6

（7）Handling Support Utility（处理支持实用程序） 该功能可以使与诸如抓取工件的位置变化或添加工件的系统变化相关联的程序修改和程序创建更容易。此功能可以使用现有的TP程序轻松执行修改示教位置、程序偏移、复制、注册和运动测试。要运行处理支持实用程序，可在主菜单"Tools"下选择"Handling Support Utility"，对话框如图5-7所示。

（8）Measurement Function（测量功能） 此功能可以测量3D世界中两点之间的距离。此外，该功能可以对所选择的对象执行各种操作。要运行测量功能，可单击工具栏上的▦按钮。如图5-8所示。

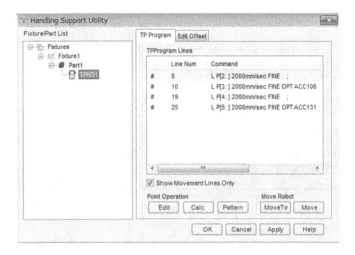

图 5-7

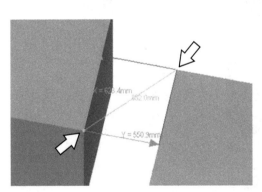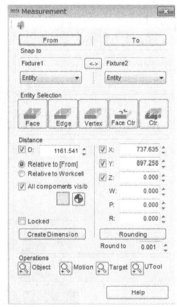

图 5-8

（9）Quick Bars（快捷键）　快捷栏可以快速、轻松地支持各种配置或操作。

1）"Jog Coordinate Shortcut Bar"（点动坐标快捷栏）：此快速栏可以轻松更改点动坐标的类型。要显示点动坐标快速栏，可单击工具栏上的 📷 按钮。对话框如图5-9 a所示。

2）Gen Override Quick Bar（发生超速快速栏）：此快速栏可以轻松更改超速。要显示发生超速快速栏，可单击工具栏上的 ⚙ 按钮。对话框如图5-9 b所示。

3）Teaching Quick Bar（示教快速栏）：此快速栏可以轻松地记录新的教学点和触摸。要显示示教快速栏，可单击 🖅 按钮。对话框如图5-9 c所示。

4）Move to the quick bar（移动到快速栏）：此快速栏可将机器人移动到工作单元中的指定位置。要显示移动到快速栏，可单击工具栏上的 🛞 按钮。对话框如图5-9 d所示。

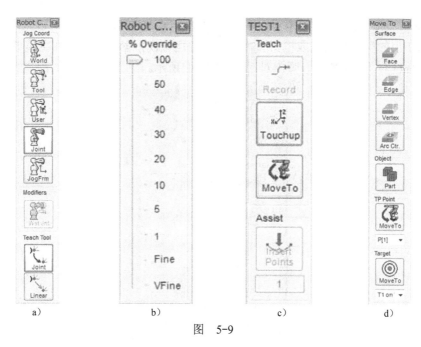

图 5-9

（10）Escape TP Program Utility（逃逸TP程序实用程序） 该功能可以创建TP程序，使机器人安全地自动退回原始位置。要运行逃生TP程序实用程序，可在主菜单"Tools"菜单下选择"Escape TP Program Utility"。对话框如图5-10所示。

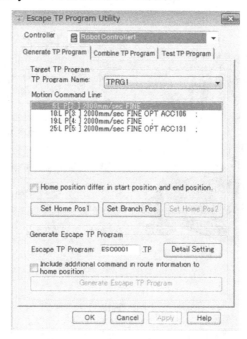

图 5-10

（11）Record, Set View Point Function（记录、设置视点功能） 此功能可以记录3D世界中的当前视点，并随时恢复记录的视点。记录、设置视点功能可以在此 VP1 (HandlingPR 工具栏上使用。

27

（12）Simulator Plug-In（模拟器插件）　此功能可通过ROBOGUIDE与以太网连接来监视ROBOGUIDE上的实际机器人或机器人模拟器。要运行模拟器插件，可在主菜单"Tools"下选择"Simulator"（模拟器）。弹出对话框如图5-11所示。

图　5-11

（13）Rail Unit Creator（轨道单元创建器）　此功能可自动创建带机器人的轨道单元。要运行"Rail Unit Creator"，可在主菜单"Tools"下选择"Rail Unit Creator"。弹出对话框如图5-12所示。

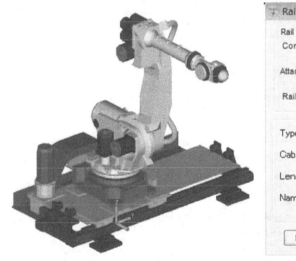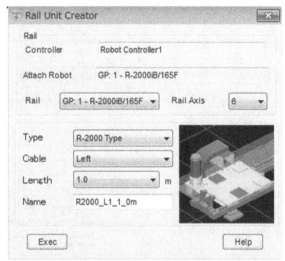

图　5-12

（14）Target Tools（目标工具）　此工具可以轻松地在工作单元中定义目标。要显示"Target Tools"，可单击工具栏上的◎按钮。弹出对话框如图5-13所示。

（15）Position Editing Function（位置编辑功能）　此功能可以轻松修改教导点的位置。要运行位置编辑功能，可单击工具栏上的按钮。弹出对话框如图5-14所示。

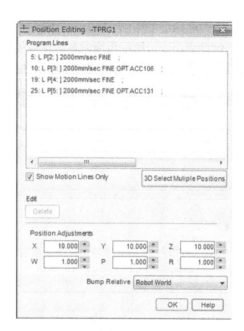

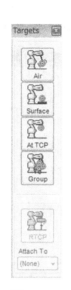

图　5-13　　　　　　　　　　　　　　图　5-14

（16）Diagnostics Function（诊断功能）　此功能可显示实际模拟时间。此外，此功能可以显示每个进程的时间，如图形更新和冲突检测。要运行诊断功能，可单击主菜单"Tools"下的"Diagnostics"。弹出对话框如图5-15所示。

（17）Feature Drawing Tool（特征绘图工具）　此功能可以生成和修改功能。要显示特征绘图工具，可在工具栏上单击零件的同时单击工具栏上的 按钮。弹出对话框如图5-16所示。

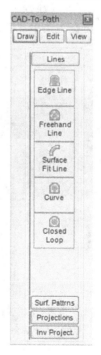

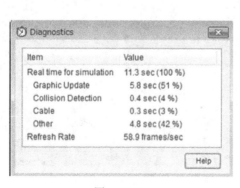

图　5-15　　　　　　　　　　　　　　图　5-16

（18）TP Program Template Interface Utility（TP程序模板接口实用程序） 此功能可以通过TP程序的模板轻松创建TP程序。可根据用途制备各种模板。要运行TP程序模板接口实用程序，可在主菜单"Teach"（示教）菜单下选择"TP Program Template "。弹出对话框如图5-17所示。

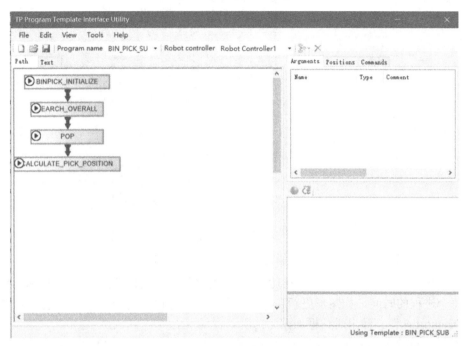

图 5-17

（19）Modeler（建模） 此功能可以创建在ROBOGUIDE中使用的3D模型。要运行"Modeler"，可在主菜单"Tools"下选择"Modeler"。弹出对话框如图5-18所示。

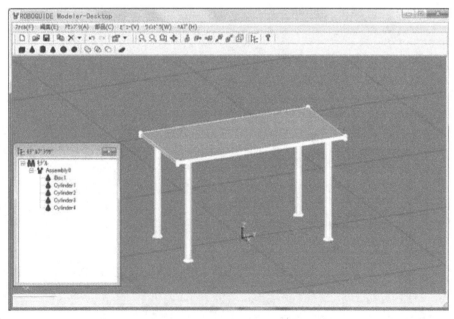

图 5-18

（20）Logic Simulation Assistant（逻辑模拟助手） 该功能可以在模拟期间更改I／O信号和寄存器的值。实际机器人系统的TP程序也可以在停止、在等待语句时被模拟。要运行逻辑模拟助手，可在主菜单的"Test-Run"（测试运行）菜单下选择"Logic Simulation Assistant"。弹出对话框如图5-19所示。

图 5-19

项目测试

1. 填空题

（1）Handling Support Utility功能可以使用现有的TP程序轻松执行_____、_____、_____、_____和_____。

（2）Quick Bars快捷栏主要包含四种快捷栏，分别是_____、_____、_____、_____。

2. 简述题

简述Measurement Function功能的作用。

项目 6

建立基本仿真模型

项目描述

本项目介绍如何创建虚拟机器人和工作单元，使用ROBOGUIDE建立基本搬运模型。

项目实施

1. 建立工作单元

1）单击"File"，然后单击"New Cell"，如图6-1所示。

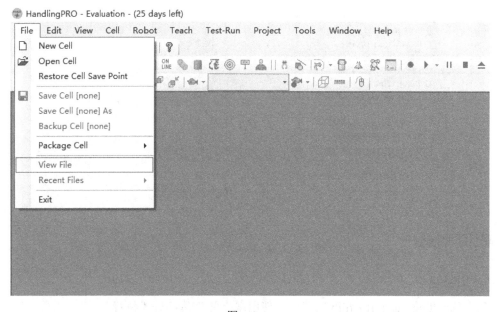

图 6-1

2）输入文件名，如图6-2所示。

3）选择建立机器人的方式：第一项为根据默认配置新建（Create a new robot with the default handlingPRO config）；第二项为根据上次使用的配置新建（Create a new robot with the last used handlingPRO config）；第三项为根据机器人备份文件来创建（Create a robot from a file backup）；第四项为根据已有机器人的备份来新建（Create an exact copy of an existing robot），如图6-3所示。

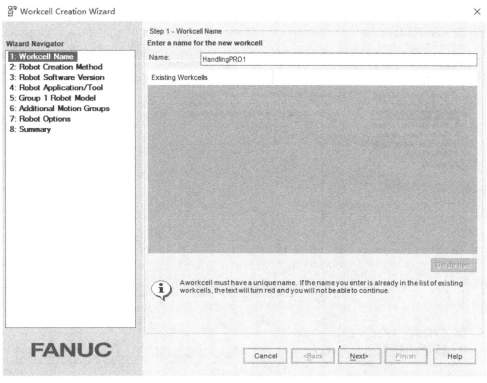

图 6-2

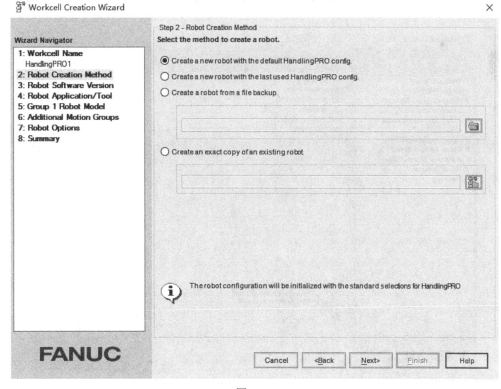

图 6-3

4）选择机器人的软件版本，如图6-4所示。

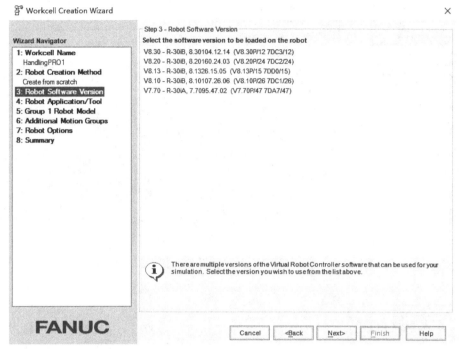

图　6-4

5）选择应用类型，如果机器人是R-30iA mate控制器，应选用LR相关的应用类型，如图6-5所示。

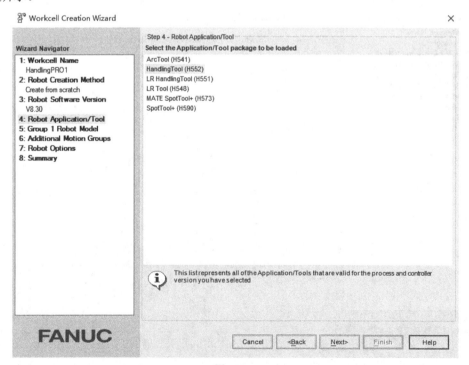

图　6-5

6）选择合适的机型，可以在创建之后再更改，如图6-6所示。

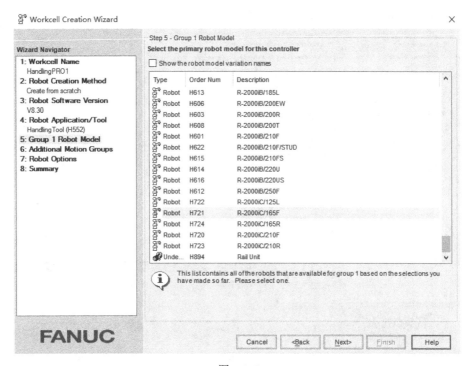

图　6-6

7）选择 Group2～7的设备，如图6-7所示。

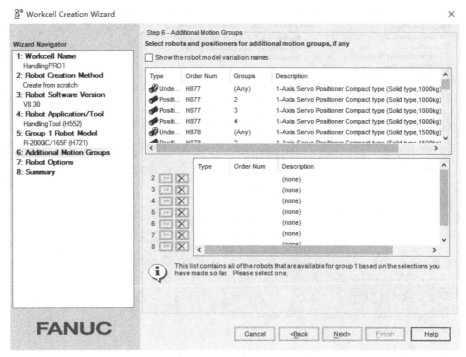

图　6-7

8）选择相应的软件选项功能，如图6-8所示。

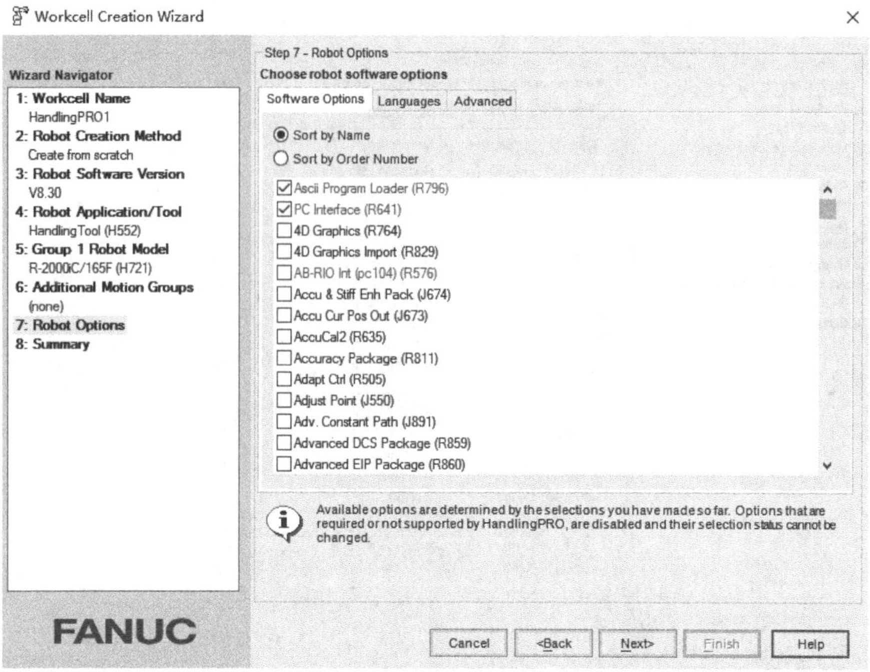

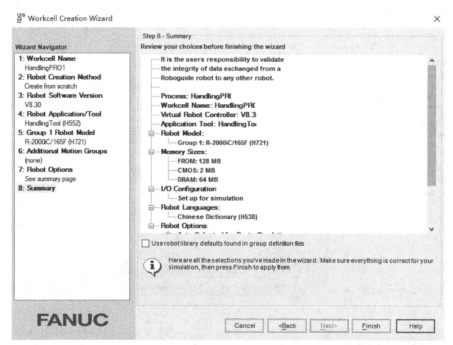

图　6-8

9）确认机器人选项，单击"Finish"完成设置，如图6-9所示。

图　6-9

10）等待一段时间后，工作单元建立完成，如图6-10所示。

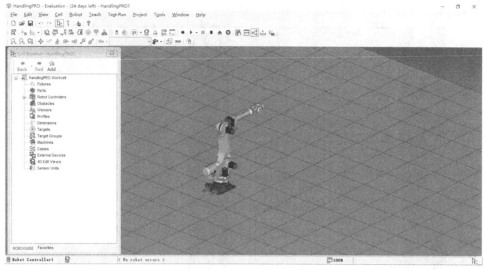

图 6-10

2. 编辑机器人

在"Cell Browser"对话框里找到机器人，右击，在机器人属性对话框中选择最后一项"GP:1-R-2000iB/165F Properties"，如图6-11所示。此时弹出机器人本体属性对话框，如图6-12所示。图6-12中相关参数说明如下：

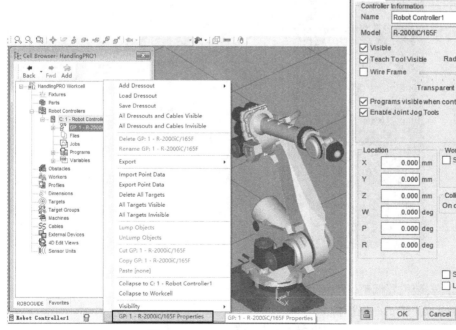

图 6-11   图 6-12

1）Visible：显示或者隐藏机器人。如图6-13所示。

2）Teach Tool Visible：TCP显示或者隐藏。如图6-13所示。

3）Radius：TCP显示尺寸调整。如图6-13所示。

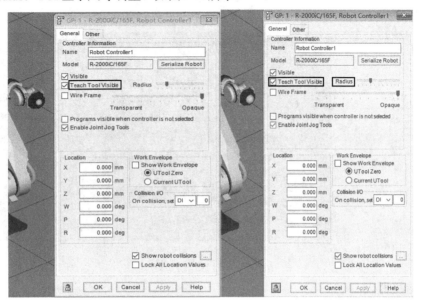

图　6-13

4）Wire Frame：透明度。效果如图6-14所示。

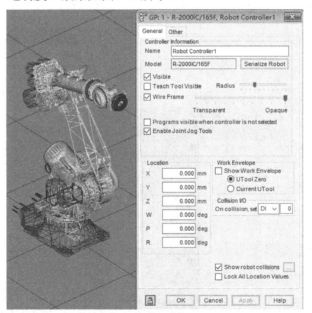

图　6-14

5）Location：安装位置调整。

6）Show robot collisions：碰撞检测。

7）Lock All Location Values：锁定机器人安装位置。

3. 添加部件

在"Cell Browser"对话框中找到"Parts"，右击，选择"Add Parts"，"Add Parts"展

开如图6-15所示。各选项说明如下：

1）CAD Library：数据库。

2）Single CAD File：单个CAD文件。

3）Multiple CAD Files：多个CAD文件。

4）BOX：长方体。

5）Cylinder：圆柱体。

6）Sphere：球体。

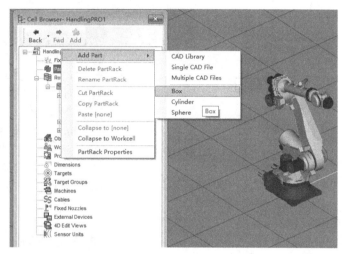

图 6-15

以BOX为例说明相关参数的含义，如图6-16所示。

1）Mass：重量。

2）Scale：尺寸。

设定好重量和尺寸后，单击"OK"按钮完成添加部件。

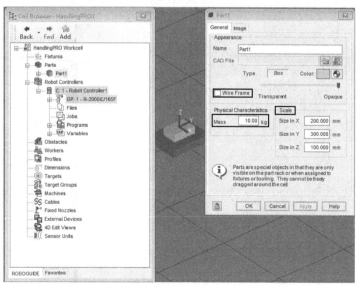

图 6-16

4．编辑机器人手爪

1）在"Cell Browser"对话框中找到"Tooling"，选择"Tooling"子菜单"UT:1（Eoat1）"，右击，在弹出的右键菜单中选择"Eoat1 Properties"，如图6-17所示。

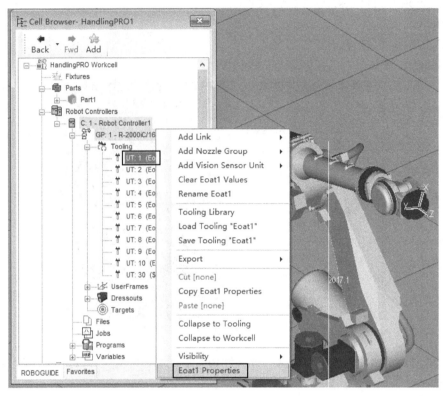

图　6-17

2）在"General"选项卡下单击▣，从数据库里添加手爪，如图6-18所示。

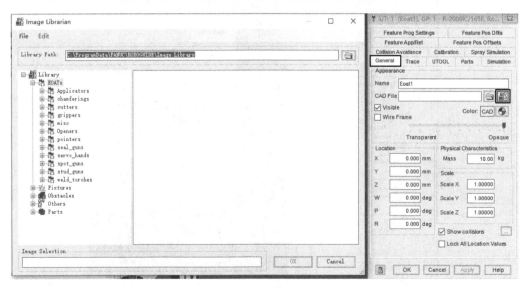

图　6-18

3）在数据库里选择合适的手爪，如图6-19所示。图6-19中相关参数说明如下：

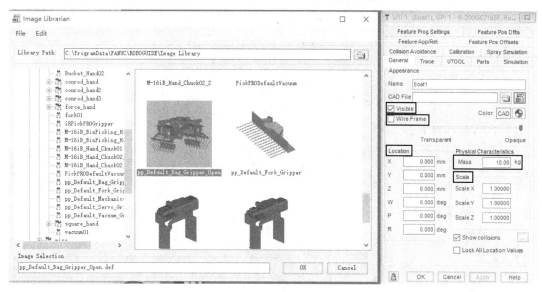

图　6-19

①Location：安装位置。如图6-19所示。

②Mass：重量。如图6-19所示。

③Scale：尺寸比例。如图6-19所示。

④Visible：隐藏和显示切换，选中为显示，不选为隐藏。如图6-19所示。

4）调整完成后将"Lock All Location Values"勾上，锁定手爪尺寸和位置，完成手爪设置。如图6-20所示。

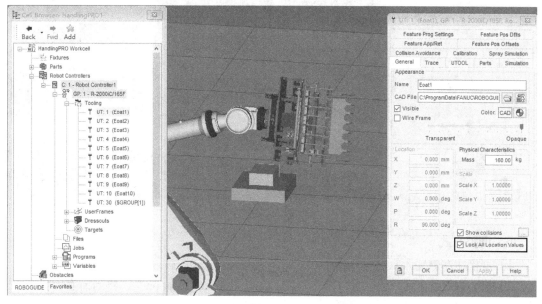

图　6-20

5）单击"UTOOL"选项卡，转到工具坐标系编辑对话框，如图6-21所示。

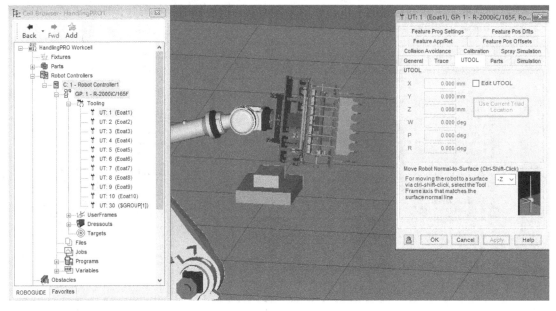

图 6-21

6）将"Edit UTOOL"选项勾上，可调整TCP位置。如图6-22所示。

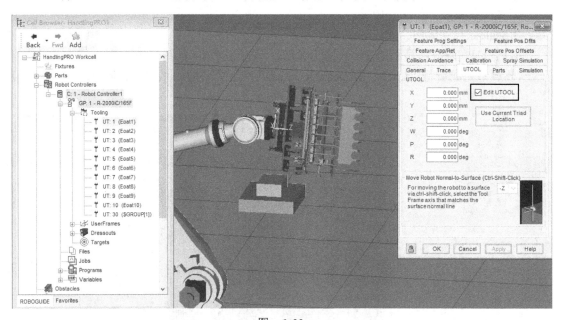

图 6-22

5. 调整方式

1）直接在左侧输入TCP坐标值。

2）拖动TCP圆球到合适位置，单击"Use Current Triad Location"，将当前坐标作为TCP坐标，单击"Apply"（应用）按钮。

3）切换到"Simulation"选项卡，单击"Open""Close"按钮，可将手爪松开，如图6-23所示；夹紧，如图6-24所示。

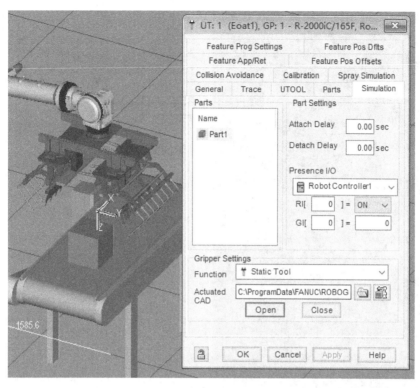

图 6-23

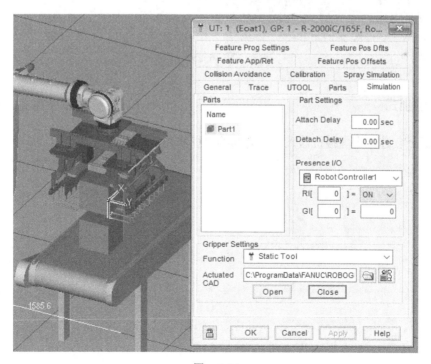

图 6-24

4）单击"Parts"选项卡，添加工件。将"Part1"勾上，单击"Apply"，如图6-25所示。

43

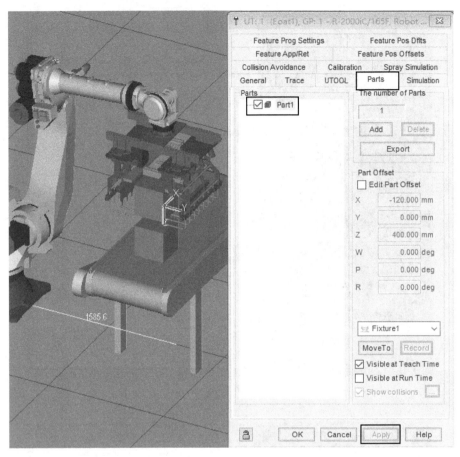

图　6-25

项目测试

实操题：创建一个虚拟机器人，并为其编辑机器人手爪。

项目 7

建立基本仿真模型程序

项目描述

本项目介绍使用ROBOGUIDE建立基本仿真模型程序。

项目实施

1. 创建Simulation程序

Simulation（模拟）程序是ROBOGUIDE里特殊的程序，主要用来控制仿真录像中手爪开合和搬运工件时的效果。图7-1所示的状态可进行仿真录像中手爪开合和搬运工件时的效果设置。

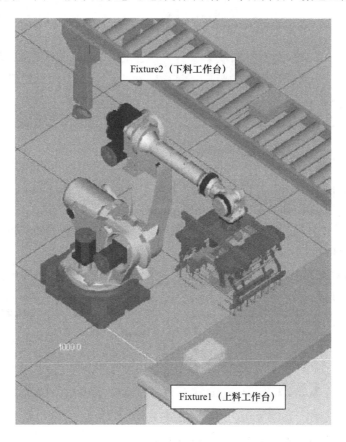

Fixture2（下料工作台）

Fixture1（上料工作台）

图 7-1

在操作界面左侧的"Cell Browser"中找到"Fixture"（夹具），右击，选择"Add Fixture"，添加相应的夹具，夹具名按添加顺序分别为Fixture1、Fixture2等。

在界面左侧的"Cell Browser"中双击"Fixture1"，打开"Fixture1"对话框，在Fixture1（上料工作台）中添加Part，勾选"Visible at Teach Time"（示教时可见）和"Visible at Run Time"（运行时可见）；在Fixture2（下料工作台）中添加Part，勾选"Visible at Teach Time"，如图7-2所示。

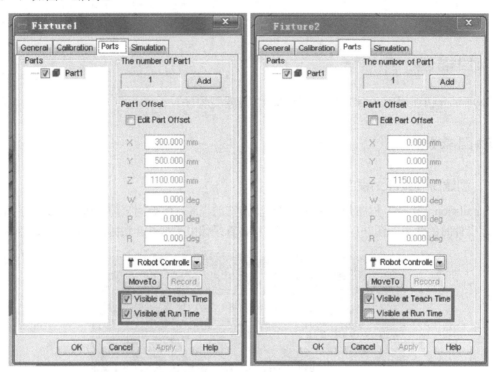

图　7-2

在Fixture1（上料工作台）的"Simulation"选项卡中，勾选"Allow part to be picked"和"Allow part to be placed"；在Fixture2（下料工作台）的"Simulation"选项卡中，勾选"Allow part to be picked"和"Allow part to be placed"，如图7-3所示。

Create Delay即工件被抓取后到另一工件生成的延时，Destroy Delay即工件放置后消失的延时，一般情况下两个设置为零。

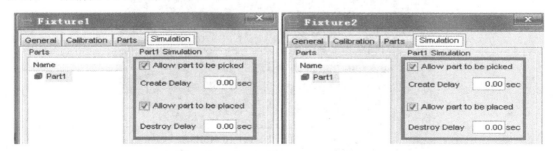

图　7-3

添加手爪抓取的Simulation程序，如图7-4所示。

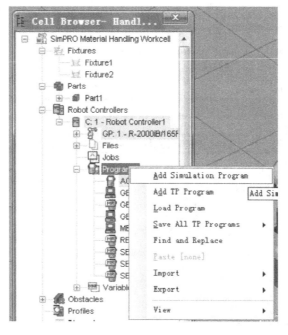

图 7-4

抓取程序一般命名为Pick，放置程序一般命名为Place，单击"Inst"，插入图7-5框内输入的程序。

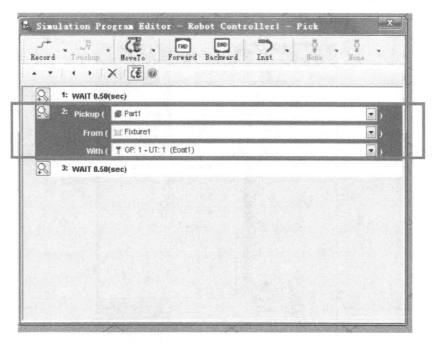

图 7-5

在Pickup中选择从上料工作台（Fixture1）中抓取Part1工件。

新建一个Place程序，如图7-6所示。

47

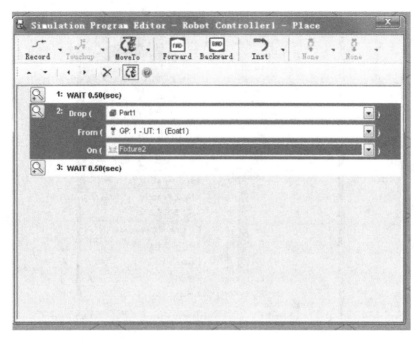

图 7-6

在Drop中选择放置Part1到下料工作台（Fixture2）。

2. 编写TP程序

新建一个TP程序，如图7-7所示。

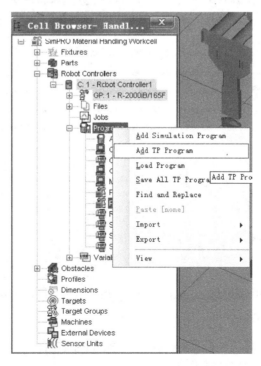

图 7-7

编写如下程序，如图7-8所示。

```
1: UFRAME_NUM=1;
2: UTOOL_NUM=1;
3: PAYLOAD[1];
4: TIMER[1]=RESET;
5: TIMER[1]=START;
6: J P[1] 50% FINE;
7: L P[2] 1500mm/sec CNT20;
8: L P[3] 500mm/sec FINE;
9: CALL PICK;
10: L P[2] 1500mm/sec CNT50;
11: J P[4] 80% CNT20;
12: L P[5] 500mm/sec FINE;
13: CALL PLACE;
14: L P[4] 1500mm/sec CNT50;
15: J P[1] 80% FINE;
16: TIMER[1]=STOP;
```

其中，P[1]为原点，P[2]为抓取接近点，P[3]为抓到点，P[4]为放置接近点，P[5]为放置点。

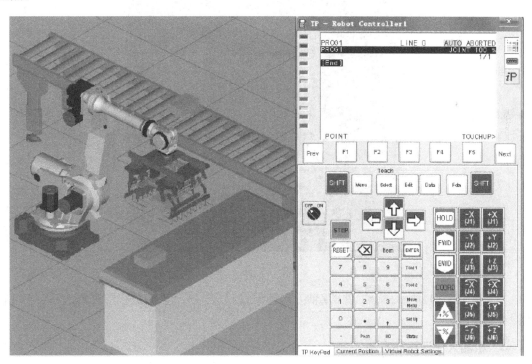

图　7-8

3. 编程注意事项及技巧

1）TP程序开始位置要对坐标、负载及计时器进行初始化，如图7-9所示。

2）工件Part在Fixture及手爪上摆放的坐标方向要基本一致，这样编写程序时可使用Move

To功能。如图7-10、图7-11所示。

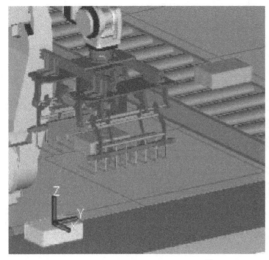

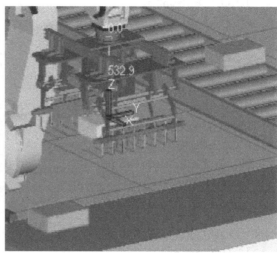

图　7-9　　　　　　　　　　　　　　　　图　7-10

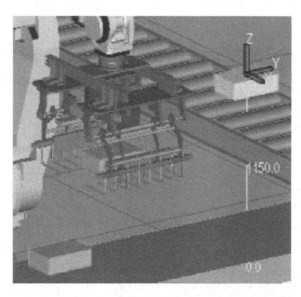

图　7-11

图7-9～图7-11所示三个工件的Z轴方向都一致，这样在示教的过程中机器人不会出现位置限位的情况。

4．机器人快速移动方法

双击机器人手爪，调出其属性界面的"Parts"选项卡，如图7-12所示。选择要移动到的Fixture后，单击"Move To"即可。

如不能快速移动或出现position can not reached（位置无法达到）报警时，可能是工件的坐标方向与手爪上工件的坐标方向不一致引起的。

5. 查看程序相关参数说明

Segment Speeds：运动速度，如图7-13所示。

Position Connector Lines：点位连接线，如图7-13所示。

Positions and Triads：点位置及坐标，如图7-13所示。

Term Type：过渡形式，如图7-13所示。

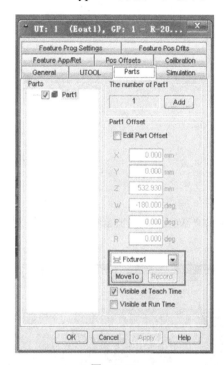

图 7-12

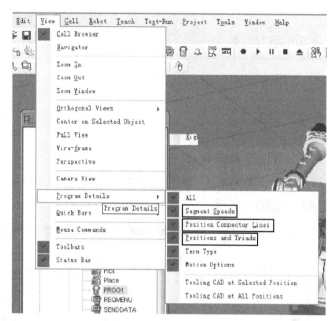

图 7-13

项目测试

1. Simulation程序主要用来控制＿＿＿＿＿＿＿＿和＿＿＿＿＿＿的效果。

2. 要使用Move To功能，则需要保证工件在＿＿＿＿＿＿及＿＿＿＿＿＿的坐标方向基本一致。

项目 ⑧

新建弧焊应用工作单元

项目描述

使用ROBOGUIDE新建弧焊应用工作单元。

项目实施

1. 新建工作单元

1) 如图8-1所示，单击"File"→"New Cell"，弹出"Workcell Creation Wizard"对话框，如图8-2所示。

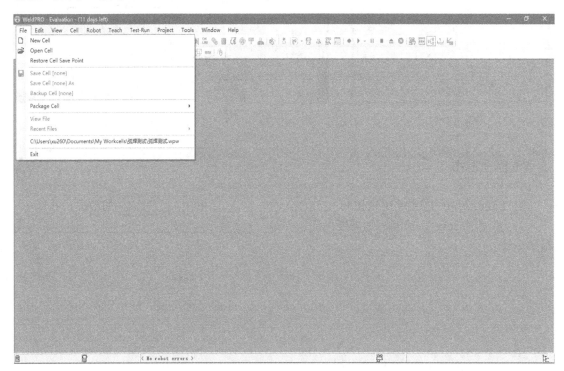

图 8-1

2) 在"Name"栏输入文件名，文件名要以字母开头，如图8-2所示。

3) 单击"Next"按钮，弹出图8-3所示对话框。单选项第一项为根据默认配置新建

52

（Create a new robot with the default WeldPRO config）；第二项为根据上次使用的配置新建（Create a new robot with the last used WeldPRO config）；第三项为根据机器人备份文件来创建（Create a robot from a file backup）"；第四项为根据已有机器人的复制来新建（Create an exact copy of an existing robot），一般都选用第一项。

4）选择机器人的软件版本：V6.**是针对R-J3iB控制器，V7.**是应用在R-30iA控制器的，V8.**是应用在R-30iB控制器的，现在销售的机器人都是R-30iA控制器。如图8-4所示。

5）选择机器人的应用软件ArcTool (H541)，如图8-5所示。

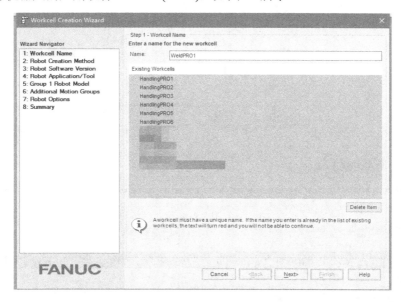

图 8-2

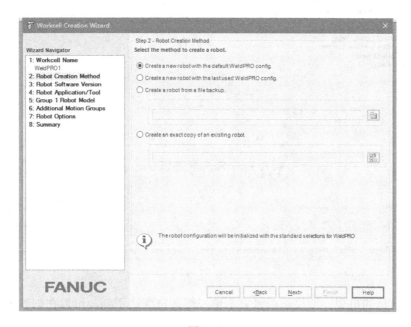

图 8-3

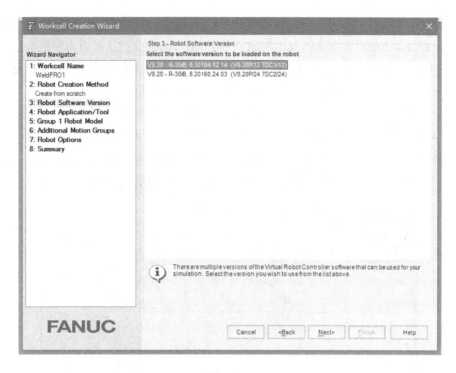

图　8-4

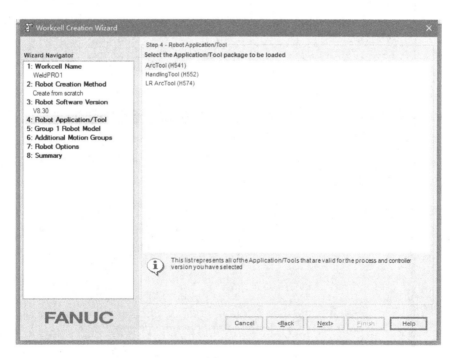

图　8-5

6）选择合适的机型。如果选型错误，造成焊接位置达不到，可以在创建之后再更改。如图8-6所示。

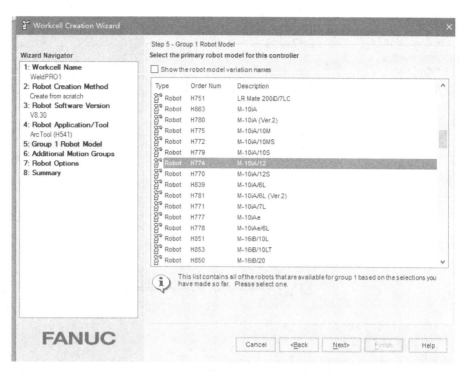

图 8-6

7）选择Group2～7的设备，该实例中选了两个Positioners（变位机），如果没有类似设备，就无须在此对话框上做任何选择。如图8-7、图8-8所示。

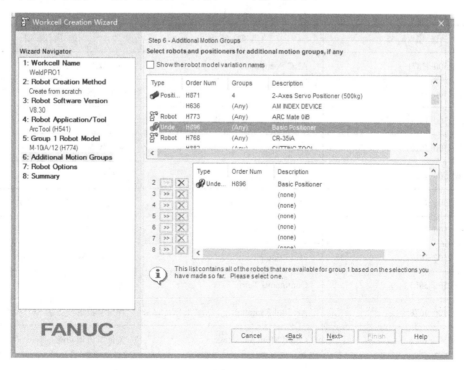

图 8-7

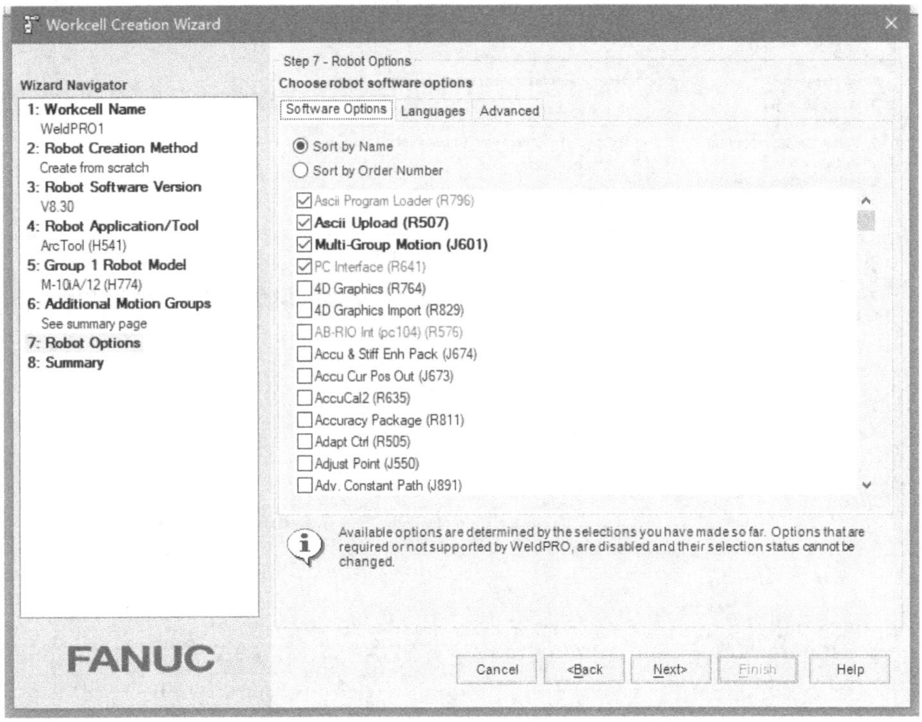

图 8-8

8）根据所需，选择相应的选项功能软件。表8-1列出一些弧焊中常用的选项。

表 8-1

选 项 编 号	选 项 名 称	选 项 说 明
1A05B-2500-H871	ARC Positioner	FANUC二轴变位机
1A05B-2500-J511	TAST	碰撞传感器
1A05B-2500-J518	Extended Axis Control	行走轴
1A05B-2500-J526	AVC	弧压控制
1A05B-2500-J536	Touch Sensing	接触传感
1A05B-2500-J605	Multi Robot Control	多机器人控制，双臂中用
1A05B-2500-J601	Multi-Group Motion	多组控制，有变位机，必须选
1A05B-2500-J617	Multi Equipment	多设备，双丝焊系统中用
1A05B-2500-J613	Continuous Turn	连续转
1A05B-2500-J678	ArcTool Ramping	焊接参数谐波变化
1A05B-2500-J686	Coord Motion Package	变位机协调功能

9）浏览刚才设置的参数，单击"Finish"按钮完成，如图8-9所示。

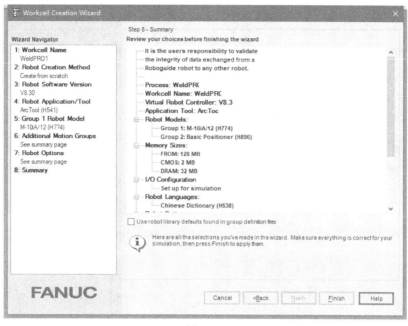

图 8-9

2. 附加轴的设置

在新建过程中，如果添加了附加轴（Positioner、Rail），在工作单元的新建完成之前，会依次弹出图8-10所示对话框，需要逐个回答；如果没有添加附加轴，则不会弹出这些对话框。

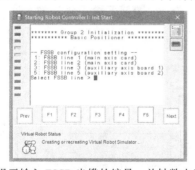

提示输入 FSSB 光缆的编号，总轴数少于16 的情况下，一般是 1

附加轴开始的轴数：一般是 7、8、9 依次下去

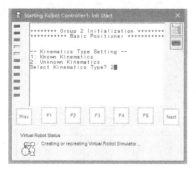

选运动类型：一般都选 2，未知的类型

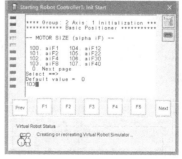

选择相应的伺服电动机

图 8-10

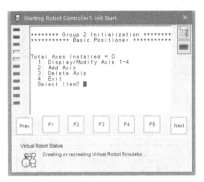

选第 2 项：Add Axis

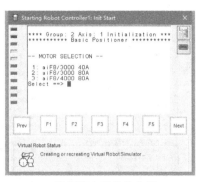

选伺服电动机的电流

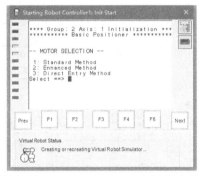

选第 1 项：Standard Method（标准的方法）

（如果不知道 FANUC 电动机的型号，也可以选择"2：Enhanced Method"实现快速创建）

选伺服放大器编号：2、3、4 依次下去

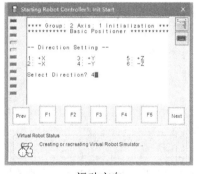

运动方向

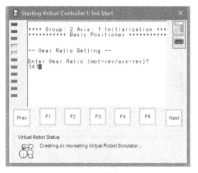

选伺服放大器类型

减速比

图 8-

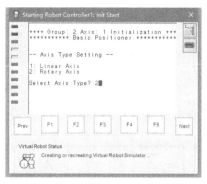

选轴的运动类型：直线还是旋转

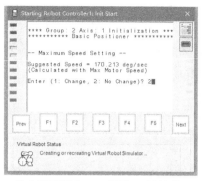

最大速度设定，一般选2，默认值

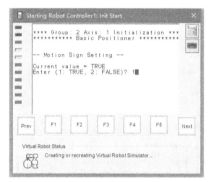

一般选默认值1

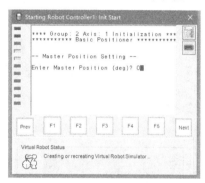

零度标定时的位置

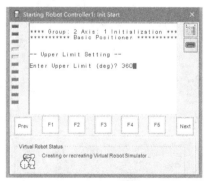

运动范围上限

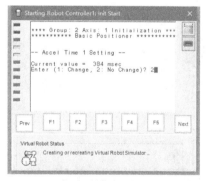

加速时间1，选2

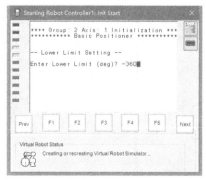

运动范围下限

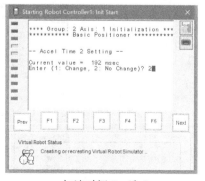

加速时间2，选2

10（续）

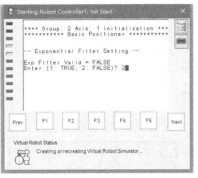

滤波器是否有效

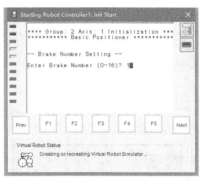

电动机抱匝号设置

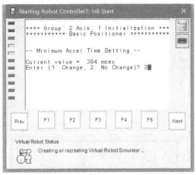

最小加速时间

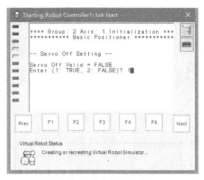

伺服自动关闭是否有限

负载率

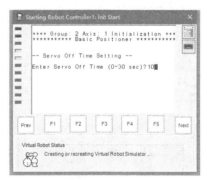

伺服关闭时间

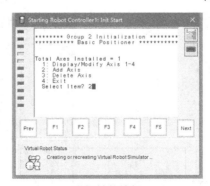

附加轴的编辑

图 8-10（续）

选4退出设置，如需要再添加一轴，可以选择2继续添加。

3. 添加焊枪，设置TCP

1）如图8-11所示，右击"UT:1（Eoat1）"，在弹出的快捷菜单中单击"Tooling Library"。

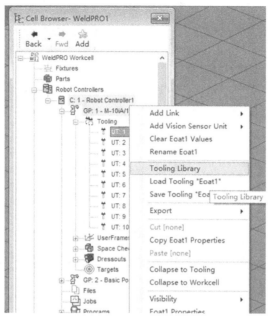

图 8-11

2）依次单击"EOATs"→"Weld_torches"，选择需要的焊枪模型。该软件中已有一些常用的模型库，如图8-12所示。

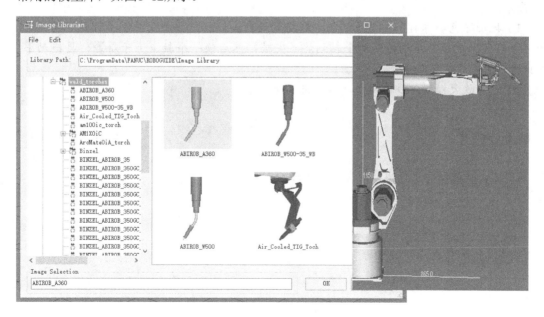

图 8-12

3）选择合适的焊枪后，在"Location"选项中填写数据，使得焊枪正确安装到机器人第六轴。另外，完成这一步后，选中"Lock All Location Values"，防止误操作而改变这些值。如图8-13所示。

4）单击"UTOOL"选项卡，勾选"Edit UTOOL"，设定TCP值，如图8-14所示。

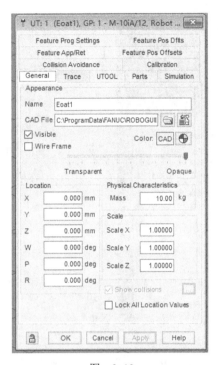

图 8-13

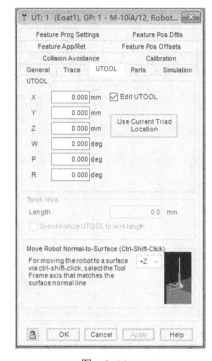

图 8-14

提示：

1）拖动绿色小球时，为了尽快将小球拖到焊丝尖端，先将小球三个坐标轴中的一个轴大概垂直于屏幕，拖动另外两个轴到焊丝尖端，然后换一个轴垂直于屏幕，再拖动小球更进一步与焊丝尖端重合。

2）可以放大模型，放得越大，TCP设置得越准。

项目测试

实操题：新建一个工作单元，并为其添加附加轴。

项目 9

创建变位机

项目描述

在工程设计前期，经常需要快速地创建仿真模拟，为初步选择机器人型号和外围设备布局方案提供依据。这个阶段夹具和外围设备可能都还没有设计好。为此，可以利用简单的圆柱体和长方体创建一个简易的变位机模型。如图9-1所示的例子，用两个汽车排气管作为工件，制作一个带转台的双轴变位机。

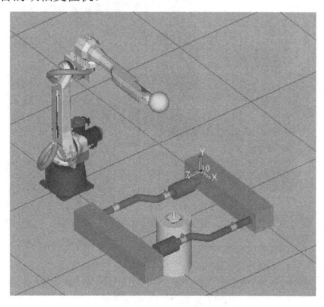

图 9-1

项目实施

1）新建一个工作单元，外部轴选择H896 Basic Positioner，如图9-2所示。

2）变位机的设置参考项目8中"附加轴的设置"，一共添加3个附加轴。新工作单元创建完成后，右击浏览器中的"Machines"，选择"Add Machine"→"Cylinder"，添加转台底座，如图9-3所示。

3）弹出图9-4所示对话框，修改"Name"为"base"，设置圆柱体底座的大小和位置参数。设置完后，在"Lock All Location Values"前打钩，锁定base，防止误操作改变base的位置。

4）右击浏览器中的"base"，选择"Add Link"→"Box"，添加转台臂，如图9-5所示。

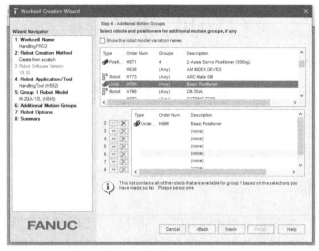

图 9-2

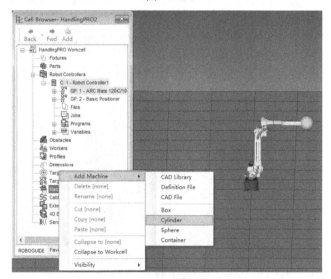

图 9-3

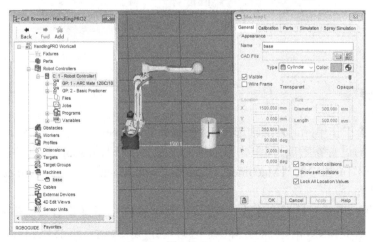

图 9-4

图 9-5

5）在弹出的对话框中，打开"Link CAD"选项卡，修改转台尺寸，如图9-6所示。

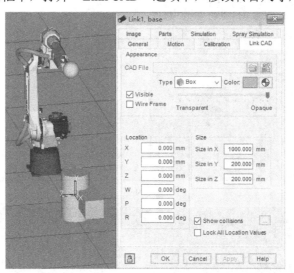

图 9-6

6）单击"General"选项卡，去掉"Lock Axis Location"前面的钩，勾选"Edit Axis Origin"，激活虚拟电动机的参数设置。ROBOGUIDE中规定，模型对象必须绕虚拟电动机Z轴旋转，或者沿虚拟电动机Z轴直线运动。图9-7中虚拟电动机Z轴显然不正确（绿色坐标轴），需要沿X轴旋转-90°。

注意：只有在"General"选项卡打开，且"Edit Axis Origin"前面打勾，此时显示的绿色坐标轴才是虚拟电动机的坐标轴，如图9-7所示。

7）旋转后，图9-8中虚拟电动机的Z轴方向正确了。在"Lock Axis Location"复选框前打钩，以固定虚拟电动机Z轴方向。

8）单击"Link CAD"选项卡，设置转台的物理位置，如图9-9所示。勾选"Lock Axis

Location"复选框,以固定转台的物理位置。

图 9-7

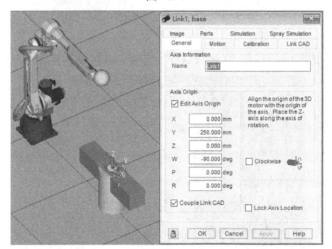

图 9-8

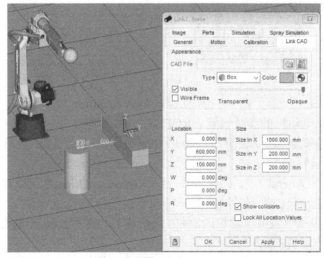

图 9-9

9）单击"Motion"选项卡，在"Axis information"中选择"Group"为"GP:2-Basic Positioner"、"Joint"为"Joint1"，如图9-10所示。

10）创建转台的另外一臂，右击浏览器中的"G:2, J:1-Link1"，选择"Copy Link1"，复制刚才创建的转台臂，如图9-11所示。

这两个转台臂是并列关系，都是连接在转台base上的，右击浏览器中的"base"，选择"Paste Link1"，这时浏览器在base下多了一个"G:2, J:1-Link11"，这样用复制和粘贴的方式可以更快地创建转台的另一臂。如图9-12所示。

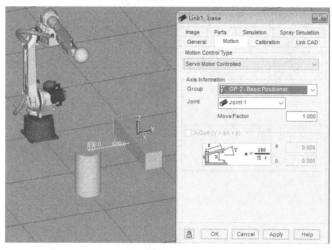

图　9-10

注：机器人默认为GP:1（第1组），这里创建的变位机Basic Positioner为第2组GP:2。

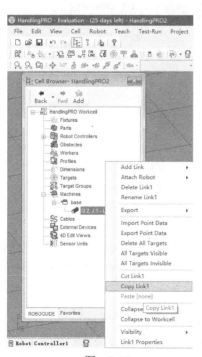

图　9-11

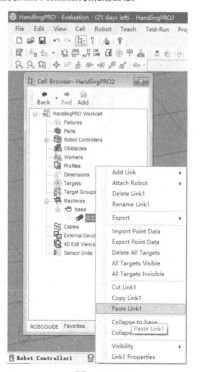

图　9-12

由于选用了复制和粘贴的方式，Link11的虚拟电动机参数与Link1的参数是一样的，所以无须再设置，只需设置Link11的位置参数。在浏览器右击"G:2, J:1-Link11"，选择"Link11 Properties"，弹出Link11的属性设置对话框，在"Link CAD"选项卡中设置Link11的位置，如图9-13所示，并锁定。

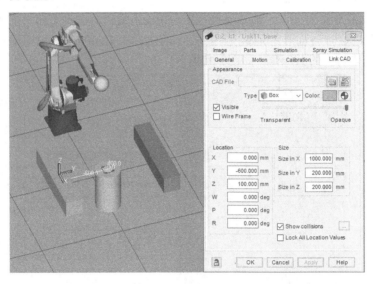

图　9-13

11）从模型库中添加工件。在浏览器右击"Parts"，选择"Add Part"→"CAD Library"，弹出图9-14所示对话框，选择"Muffler"，单击"OK"按钮。

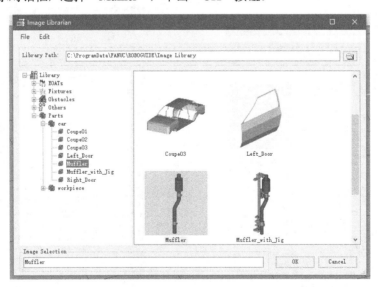

图　9-14

12）"Name"默认为"Part1"，单击"OK"按钮，如图9-15所示。

13）在浏览器右击"Parts"，选择"PartRack Properties"，弹出图9-16所示对话框，取消"Visible"前的钩，将工件及其放置台隐藏。

14）在浏览器右击"G:2, J:1-Link1"，选择"Add Link/Cylinder"，在弹出的对话框中选择"Link CAD"选项卡，取消"Visible"前面的钩。

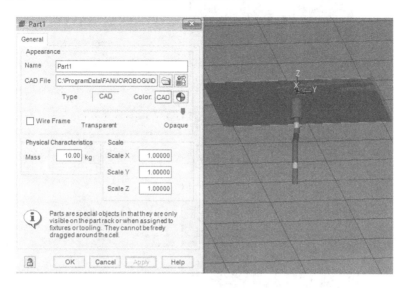

图 9-15

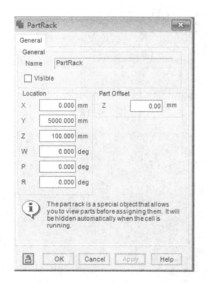

图 9-16

15）在"General"选项卡中勾选"Edit Axis Origin"，设置虚拟电动机的位置，然后锁定电动机位置，如图9-17所示。

16）在"Parts"选项卡中勾选"Part1"，在"Part1 Offset"项中勾选"Edit Part Offset"，然后修改位置参数，或者直接拖动工件到合适位置。

17）在"Motion"选项卡中，设置"Axis information"选项，如图9-18所示。这里添加的第一个工件作为GP:2-Basic Positioner的第2轴，即Joint2。

用同样的方法添加第二个工件，作为GP:2-Basic Positioner的第3轴，即Joint3。

最后，可以用TP示教了，如图9-19所示。

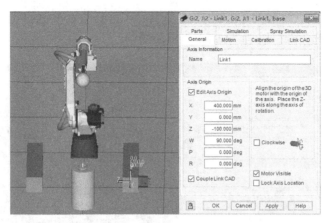

图　9-17

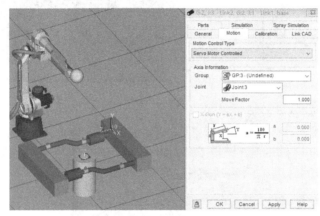

图　9-18

图　9-19

项目测试

实操题：以汽车车门为工件，制作一个带转台的双轴变位机。

项目 ⑩

利用模型库创建机器人行走轴

项目描述

ROBOGUIDE软件的库中自带了行走轴的数模,现在利用这个数模来建立一个机器人行走轴。

项目实施

1)新建一个工作单元。注意创建过程中要选中"J518(Extended Axis Control)",否则无法添加,如图10-1所示。

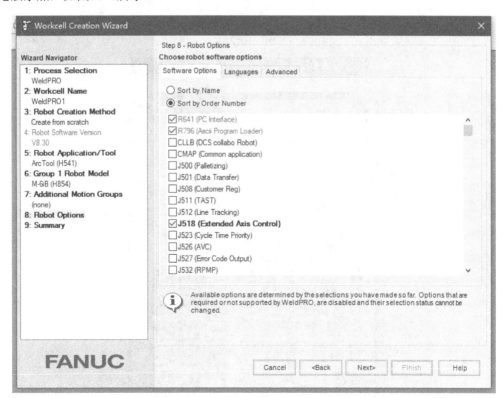

图 10-1

2)打开新建的工作单元,行走轴需在Controlled Start模式下设置。选择"Robot"→"Restart Controller"→"Controlled Start",如图10-2所示,机器人准备重启,并弹出TP对话框,如图

10-3所示。

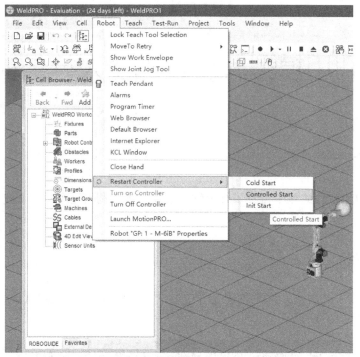

图　10-2

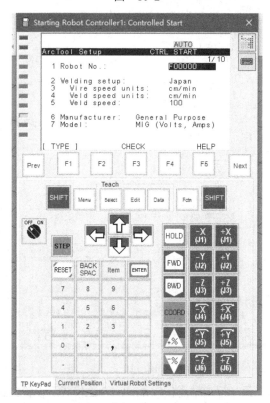

图　10-3

3）在TP上单击"Menu"按钮，如图10-4所示。

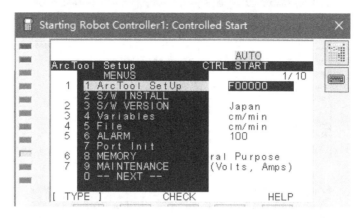

图　10-4

4）选择MAINTENANCE，如图10-5所示。

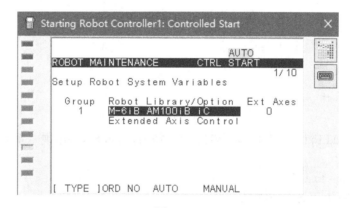

图　10-5

5）移动光标至"Extended Axis Control"，按F4"MANUAL"，如图10-6所示。

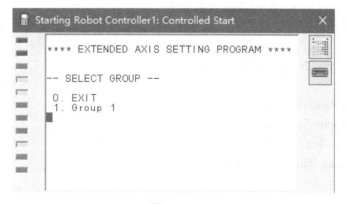

图　10-6

6）输入"1"，按"ENTER"按钮，如图10-7所示。

7）此行走轴作为Group1机器人的第七轴，所以输入"7"，按"ENTER"按钮，如图10-8所示。

```
┌──────────────────────────────────────────────────────────────┐
│ 🖥 Starting Robot Controller1: Controlled Start          ✕    │
├──────────────────────────────────────────────────────────────┤
│                                                                │
│   **** EXTENDED AXIS SETTING PROGRAM ****                      │
│   **** Ext Axis G: 1 Initialization ******                     │
│                                                                │
│                                                                │
│   -- Hardware start axis setting --                            │
│   Enter hardware start axis                                    │
│   (Valid range: 1 - 32)                                        │
│   Default value =   7                                          │
│   ▮                                                            │
│                                                                │
└──────────────────────────────────────────────────────────────┘
```

图 10-7

```
┌──────────────────────────────────────────────────────────────┐
│ 🖥 Starting Robot Controller1: Controlled Start          ✕    │
├──────────────────────────────────────────────────────────────┤
│                                                                │
│   **** EXTENDED AXIS SETTING PROGRAM ****                      │
│   **** Ext Axis G: 1 Initialization ******                     │
│                                                                │
│                                      E1 E2 E3                  │
│   *** Group 1 Total Ext Axis = *  *   *                        │
│     1. Display/Modify Ext axis 1~3                             │
│     2. Add Ext axes                                            │
│     3. Delete Ext axes                                         │
│     4. EXIT                                                    │
│   Select? ▮                                                    │
│                                                                │
└──────────────────────────────────────────────────────────────┘
```

图 10-8

8) 选择"2.Add Ext axes",按"ENTER"按钮,TP屏幕将出现一系列的提问设置,分别回答如下:

1. Enter the axis to add: 1

2. Motor Selection: 选择电动机

3. Motor Size: 选择电动机型号

4. Motor Type Setting: 选择电动机转速

5. Amplifier Current Limit Setting: 选择电流

(注意:如果选择的电动机没有,将会失败,提示重新选择,直到选择了匹配的电动机为止)

Extended axis type: Integrated Rail (Linear axis)

6. Direction: 2

7. Enter gear Ratio: 输入减速比

8. Maximum joint Speed Setting: No Change

9. Motion Sign Setting: False

10. Upper Limit Setting: 4.5 (假如导轨行程是4.5mm)

11. Lower Limit Setting: 0

12. Master Position Setting: 0

13. Accel Time 1 Setting: NO Change

14. Accel Time 2 Setting: NO Change

15. Minimum Accel Time Setting: No Change

16. Load Ration Setting: 2

17．Amplifier Number Setting: 1

18．Brake Number Setting:2

19．Servo Timeout: Disable

　　回答这些问题之后，选择"Exit"，按"ENTER"按钮（注意：如果想再添加一个行走轴，可以选择"2. Add Ext axes"继续添加，并且在后面的设置中回答问题Enter the axis to add: 2）。出现"Select Group"菜单，选择"Exit"，按"ENTER"按钮，然后按TP上的"Fctn"按钮，选择"Start（cold）"，机器人开始重启过程。然后在工具栏上单击"Tools"，选中"Rail Unit Creator Menu"，如图10-9所示。

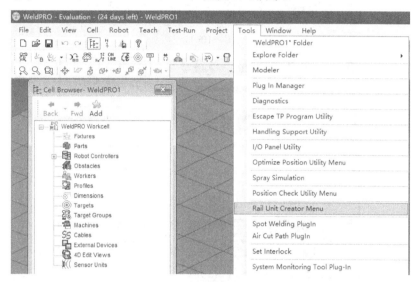

图　10-9

　　9）在弹出的对话框中单击"Exec"按钮，如图10-10所示。

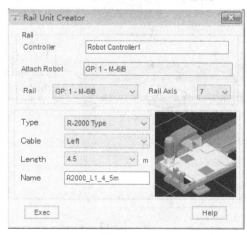

图　10-10

　　10）用TP示教机器人沿外部轴行走时，如图10-11所示，需要切换设置。单击TP上的"SHIFT"按钮，再单击"COORD"按钮，在弹出的对话框中移动上下左右箭头选中"EXT"，完成切换。要切换回机器人，同样按"COORD"按钮，然后移动箭头选中"Robot"，如图10-12所示。

图　10-11

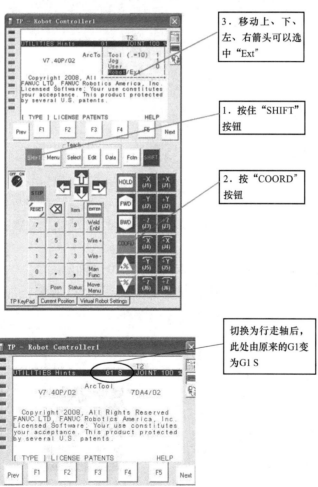

图　10-12

此时，可以用TP示教行走轴了。

项目测试

实操题：在本例的基础上为机器人再添加一条行走轴。

项目 ⑪

通过自建数模创建机器人行走轴

项目描述

本项目做一个两轴行走轴，X轴和Y轴，行走轴的数模用简单的BOX代替（当然也可以用导入外部数模的方法）。

项目实施

1）按照项目10的方法新建一个工作单元，当完成一系列提问式的设置后，选择"2. Add Ext axes"继续添加，并且在后面的设置中回答问题"Enter the axis to add: 2"（代表第二个轴）。

2）按照设置第一个轴相同的方法设置第二个轴，设置完成后，同样出现"Select Group"菜单，选择"Exit"，按"ENTER"按钮。

3）按TP上的按钮"Fctn"，选择"Start（cold）"，机器人开始重启。

4）重启完成后，右击"Machine"，选择"Add Machine"→"Box"，如图11-1所示。

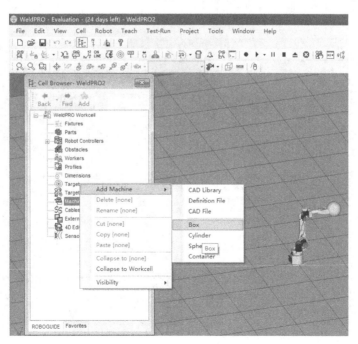

图　11-1

5）修改"Name"为x-y Rail，如图11-2所示修改Box属性，这个Box作为Y方向轨道。

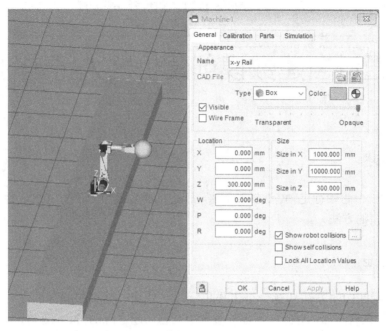

图　11-2

6）创建X方向轨道，右击"Machines"下面的"x-y Rail"，选择"Add Link"→"Box"，如图11-3所示。

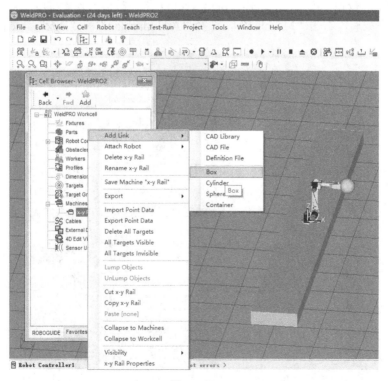

图　11-3

修改"Name"为x-Rail，如图11-4所示修改Box的属性，这个Box作为X轨道。

7）设置沿Y轨道运动的电动机轴的方向。现在电动机轴Z向向上，需要将电动机轴Z方向设置与Y轨道方向相同，按照图11-5所示设置。

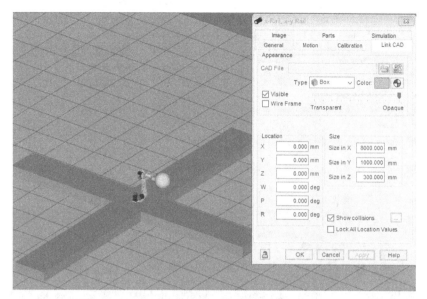

图　11-4

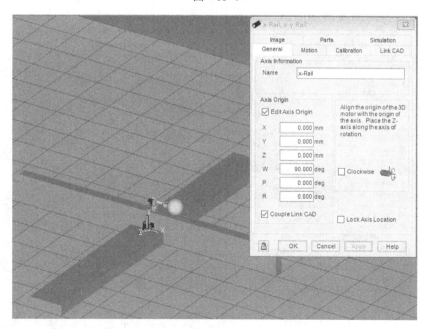

图　11-5

8）在"Link CAD"选项卡中，旋转Box到合适的位置，如图11-6所示。

9）设置Motion，选择"Group1"，"Joint"选择7，如图11-7所示。

10）右击"Machine"下面的"G:1，J:7-X Rail"，选择"Attach Robot"→"GP:1-M-6iB"（R-30iA），如图11-8所示，这样就可以把机器人安装在X轨道上。

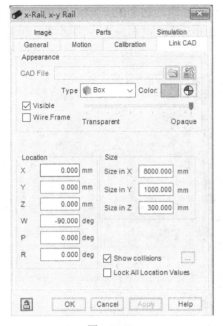

图　11-6

图　11-7

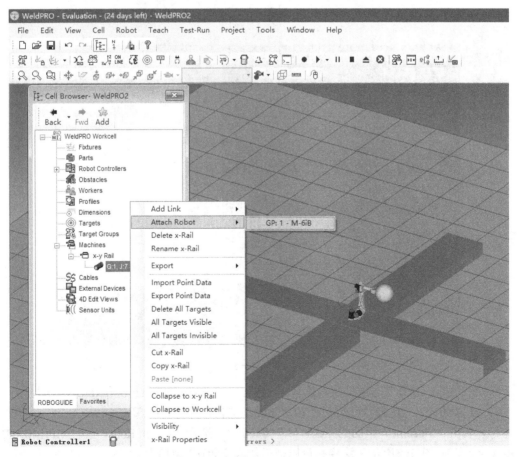

图　11-8

80

11）设置X轨道发动机的Z轴方向，使发动机Z轴与X导轨方向一致，如图11-9所示。

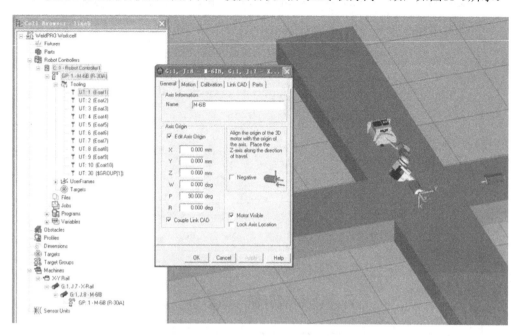

图 11-9

12）在"Link CAD"选项卡中，修改机器人的位置方向，如图11-10所示。

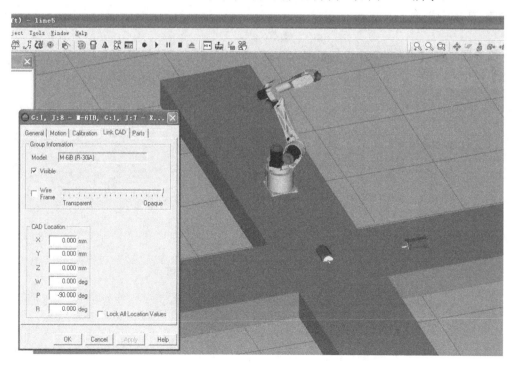

图 11-10

13）如图11-11所示修改Motion属性。然后可以用TP示教机器人行走轴了。

注：如果发现机器人的 TCP 点与机器人行走方向相反，需将该行走轴的发动机 Z 轴反方向设置，如图 11-11 所示。

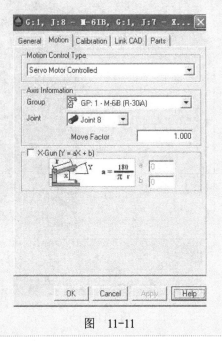

图　11-11

项目测试

简答题：当机器人的TCP点与机器人行走方向相反时，应该如何操作。

项目 ⑫

变位机协调功能

项目描述

当焊接大型工件时，需要变位机和机器人同时并行动作，实现对较长的焊缝连续不间断的焊接。这时需要用到变位机协调功能。

项目实施

1. 单轴变位机协调功能设置

1）新建带有单轴变位机的工作单元。新建过程中注意选中"J686（Coord Motion Package）"，如图12-1所示。

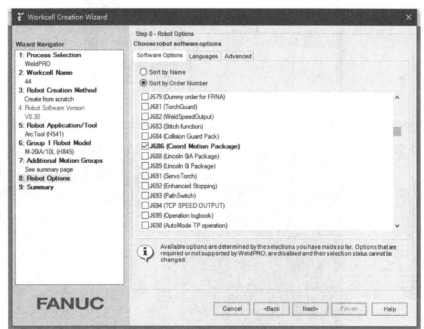

图 12-1

2）安装机器人焊枪，并设置好TCP，然后用圆柱体和立方体安装一个简易的单轴变位机，如图12-2所示。

3）右击"Part"图标，单击"Add Part"，添加工件Part，如图12-3所示，用圆柱体做一个简单的工件。

图　12-2

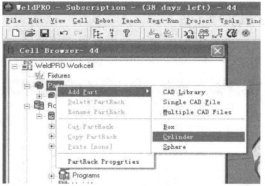

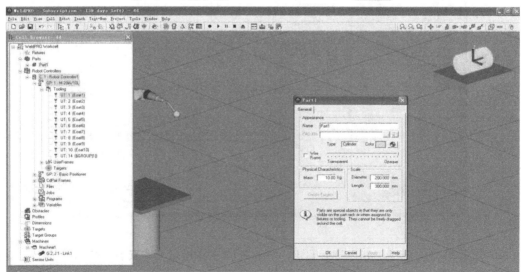

图　12-3

4）将工件添加到转台上，如图12-4所示。

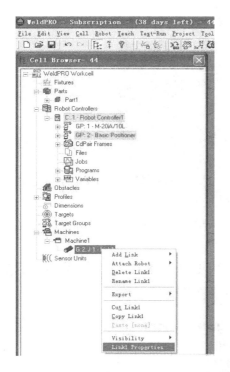
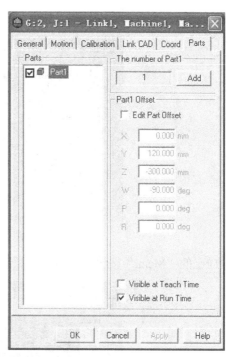

图　12-4

5）打开TP，激活G2变位机，单击TP上的"Posn"按钮，显示变位机的角位移，如果不是0.000，转动变位机到0.000，如图12-5所示。

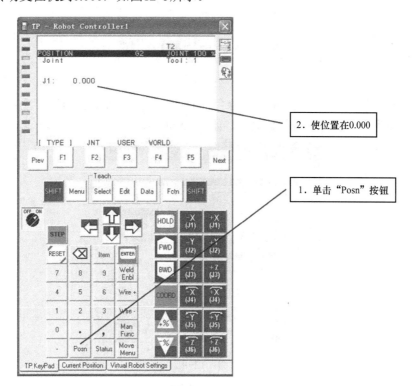

图　12-5

6）需要记录三个点来完成设置。先示教机器人TCP至转台的某个角点，如图12-6所示。

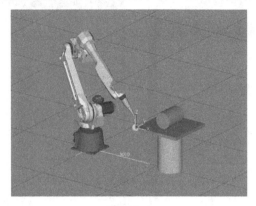

图　12-6

单击TP上的"Menu"按钮，在弹出的对话框中选择"6.SETUP"，如图12-7所示。

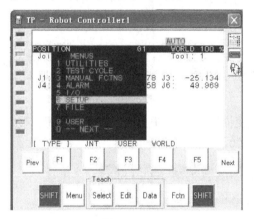

图　12-7

然后单击F1"TYPE"，在弹出的绿色对话框中选择"9.Coord"（注：如果看不到Coord，需要选择"0 NEXT"进行翻页），如图12-8所示。

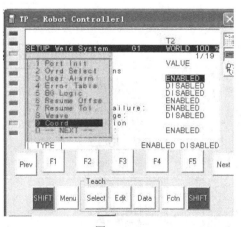

图　12-8

设置Leader Group和Follower Group的值，如图12-9所示。

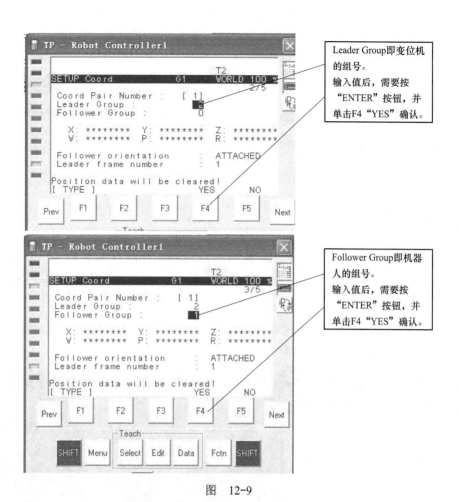

图 12-9

单击F2"C_TYP",在弹出的对话框中选择"2 Unknown Pt",如图12-10所示。

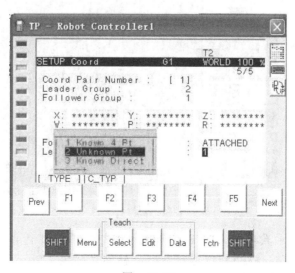

图 12-10

87

在弹出的对话框中，移动箭头使光标至"Point 1"，如图12-11所示。

按住"SHIFT"，单击F5"RECORD"，这样转台在0°位置时，机器人TCP在转台某角点的位置就记录在Point 1，如图12-12所示。

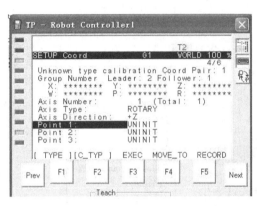

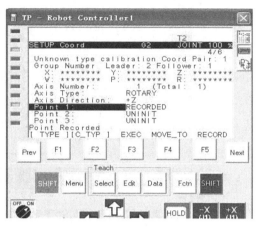

图　12-11　　　　　　　　　　　　　　　　图　12-12

在变位机激活的情况下，在TP上单击"Posn"按钮，显示变位机角位移。使变位机转动到大于30°的位置。图12-13所示为31.156°。

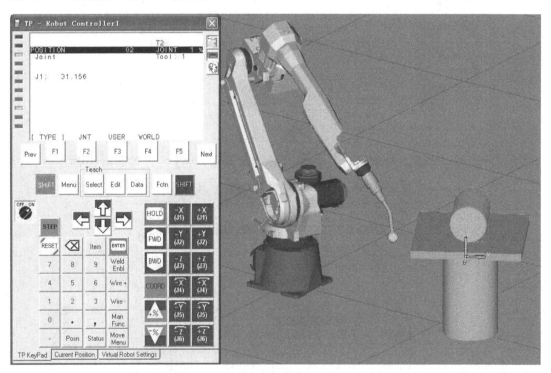

图　12-13

激活机器人，并示教机器人TCP至转台上原先相同的那个角点。然后在TP上单击"Menu"→"Setup"，将回到设置对话框，移动光标至"Point 2"，按"SHIFT"+F5"RECORD"，将记录下第二点位置，如图12-14所示。

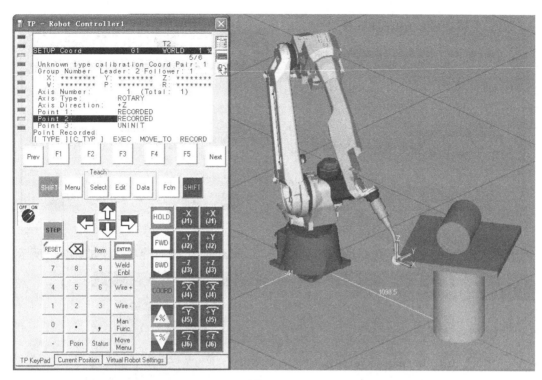

图 12-14

用同样的方法记录第三个点位置。注意，变位机角位移增量需大于30°，如图12-15、图12-16所示。

按"SHIFT"+F3"EXEC"，这样三个点都记录完成，如图12-17所示。

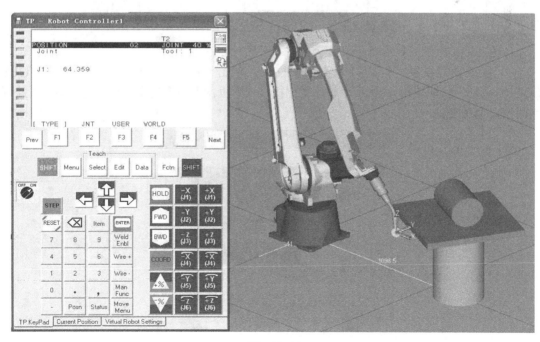

图 12-15

89

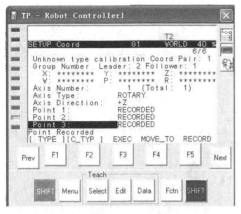

图 12-16

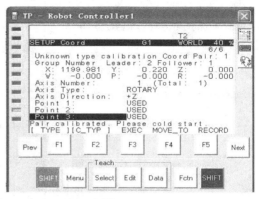

图 12-17

依次单击"Robot"→"Restart Controller"→"Cold Start"，进行冷启动，如图12-18所示。

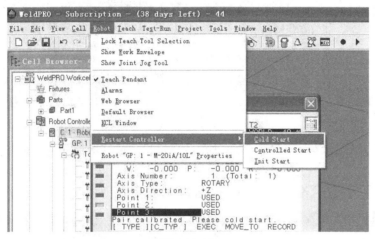

图 12-18

7）验证设置结果。打开TP，激活变位机，单击"Fctn"按钮，选择"8 TOGGLE COORD JOG"，如图12-19所示，转动变位机，观察机器人是否随变位机一起运动，由此可判断设置是否成功。

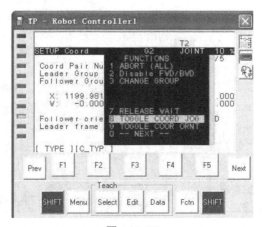

图 12-19

2．单轴变位机协调功能示例

利用上面的例子，让机器人在圆柱形工件上焊一段圆弧形焊缝，焊接的同时，变位机转动。

程序如图12-20所示，其中第4、5步程序为相关协调动作语句。

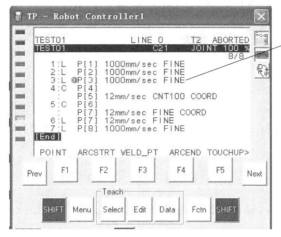

除协调动作相关程序之外，其他程序语句需用FINE，不可用CNT

图 12-20

项目测试

简答题：

（1）在弹出的绿色对话框中选择"Coord"时，应该如何翻页。

（2）在选择完机器人组号后，应该如何进行确认。

项目 13

添加其他外围设备

项目描述

FANUC最新版的ROBOGUIDE含有丰富的模型库，使快速创建工程仿真成为可能。

项目实施

1）右击浏览器中的"Obstacles"，依次单击"Add Obstacle"→"CAD Library"，如图13-1所示。

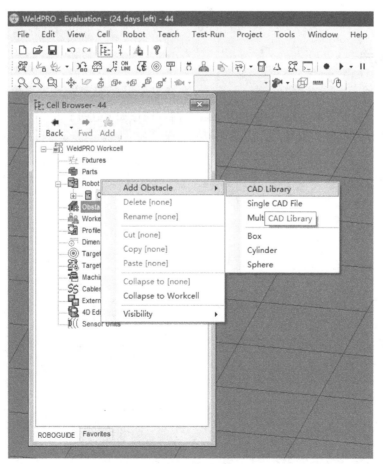

图　13-1

2）选中需要的模型，单击"OK"按钮，相应模型就被添加到工作单元中。在弹出的模型设置对话框中修改模型的位置，可以直接输入位置数据，也可以用鼠标直接拖，如图13-2所示。

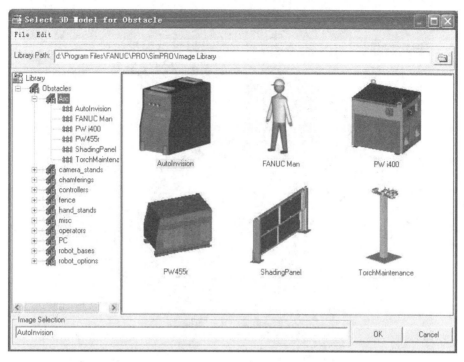

图　13-2

动模型中的三个坐标轴，如图13-3所示。

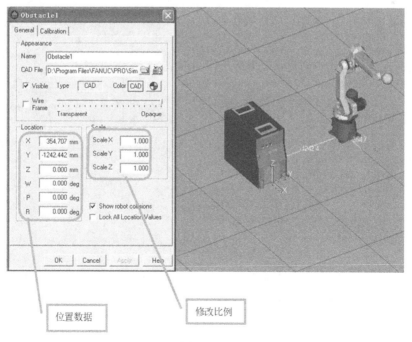

位置数据

修改比例

图　13-3

图13-14大部分是用模型库里的模型创建的焊接工作间。

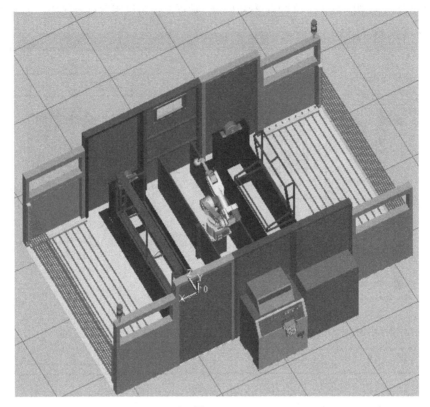

图　13-4

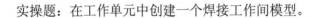项目测试

实操题：在工作单元中创建一个焊接工作间模型。

项目 ⑭

仿真录像的制作

项目描述

通过ROBOGUIDE仿真软件对仿真的项目进行录像。

项目实施

1）单击"Test-Run"菜单中的"Run Panel"，如图14-1所示。

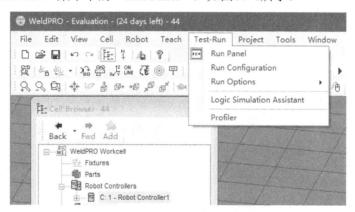

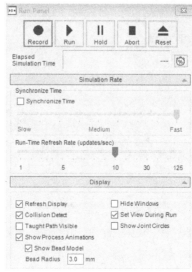

图 14-1

2）做相应的设置后，单击"Record"即可录制视频并自动保存。如果单击"Run"，只播放不保存。仿真录像存放在当前仿真文件目录下的文件夹AVIs中。

3）在录制过程中，用鼠标对仿真模型进行移动、旋转、放大、缩小等实时操作，在视频中均能体现出来。

项目测试

实操题：创建一个机器人行走轴，对其动作进行录制。

项目 ⑮

2D 视觉设置

项目描述

通过机器视觉来实现对工件的二维平面扫描仿真。

项目实施

1）新建机器人，选择"8: Robot Options"，如图15-1所示，并选择需要添加的软件，在

"☐2D Vision (J726)　☐iRVision 2D Barcode (R737)　☐iRVision TPP I/F (J869)　　"前打钩，单击"Next"，单击
　　　　　　　　　　☐iRVision 2D DEMO (R575)　☐iRVision UIF Controls (J871)
　　　　　　　　　　☐iRVision 2D Pkg (R685)
　　　　　　　　　　☐iRVision 2DV (J901)
　　　　　　　　　　☐iRVision 2DV Plus (J906)

"Finish"。

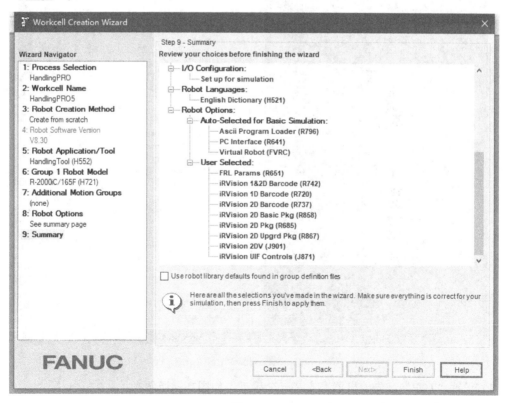

图　15-1

2）在弹出的对话框中选择"2. Insulated Flange"，即在"Select flange type?"后的光标处输入2，如图15-2所示。

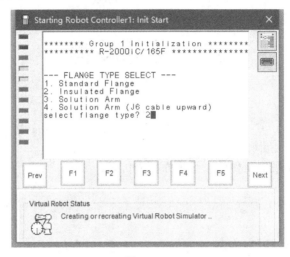

图 15-2

3）添加一个"Fixture"作为工作台，如图15-3所示。

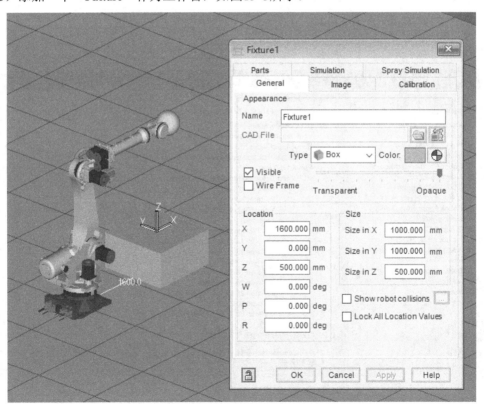

图 15-3

4）设置"TCP"，先给机器人安装一个手爪，如图15-4所示。

把TCP移动到手爪顶部，如图15-5所示。

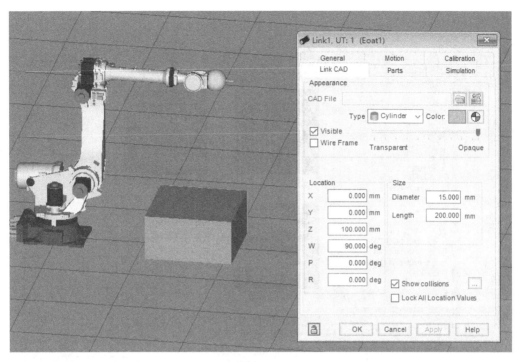

图　15-4

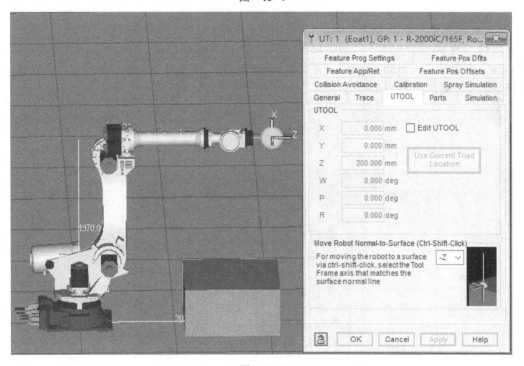

图　15-5

5）右击"Fixtures"图片，选择"Add Fixture"，在"Library"中单击"vision-dot-pattern-calibration"添加视觉校正板，选用"A05B-1405-J912"，并调整合适的位置，如图15-6所示。

99

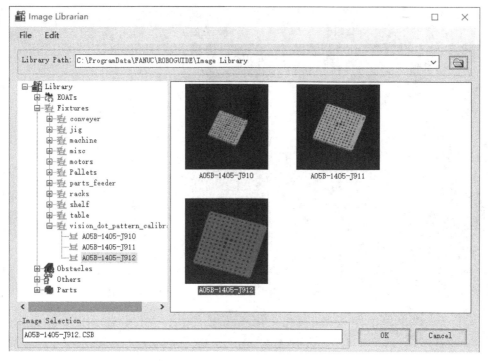

图　15-6

6）安装相机。在"Cell Browser"中右击"⌷⦗ Sensor Units ⦘"添加2D Camera，如图15-7所示。选择"⬚ SONY XC-56 2D"，双击相机，单击"Calibration，User Frame"，选"UF2"，在"View"中单击"Camera View"，并调整相机的位置，使视觉校正板占满整个相机视域，这样视觉精度较高。如图15-8所示。

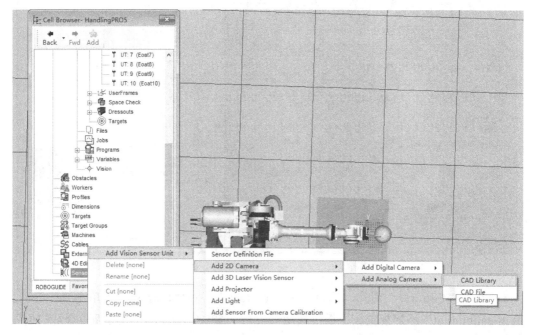

图　15-7

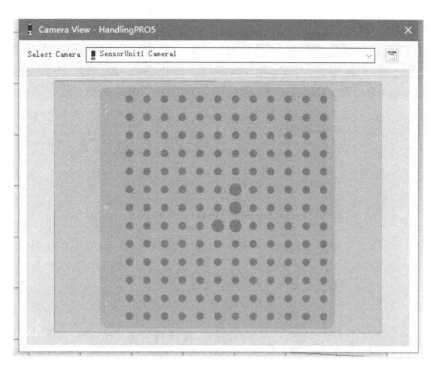

图 15-8

7）相机与机器人进行连接，在"Cell Browser"中双击" iRVision "，把相机连接在"Port1"上，"User Frame"选UF1，单击"OK"按钮，如图15-9所示。

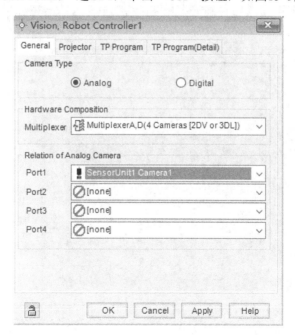

图 15-9

8）视觉设置。

① 依次单击"Robot"→"Internet Explorer"→"Vision Setup"→"新建"，新建一个

CA的模拟量相机，如图15-10所示。

图 15-10

② 单击图15-11中的对话框，显示出视觉校正板，依次单击"Save"→"Close"。

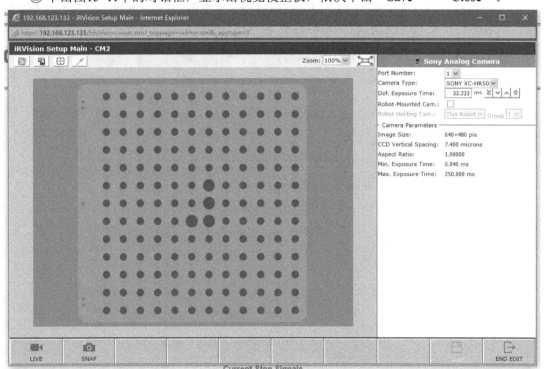

图 15-11

③ 单击"视觉类型"，单击"相机校准"，再单击"新建"，新建名称为CA1的相机校正项目，如图15-12所示。

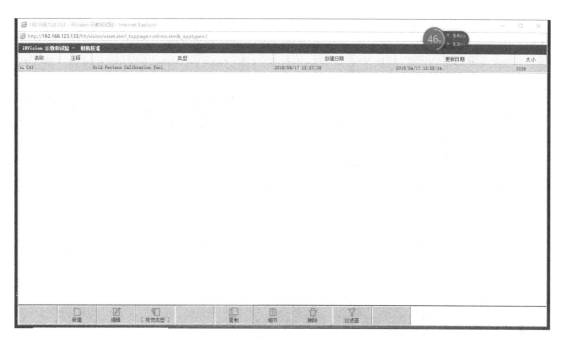

图 15-12

④ 如图15-13所示，"Camera"选图11新建的"CA"，"Grid Spacing"改为30mm，"Application Frame"选1，"Calibration Grid Frame"选2，"Override Focal Distance"改为yes，"Focal Dist"为12mm。单击"Set Frame"和"Find"。

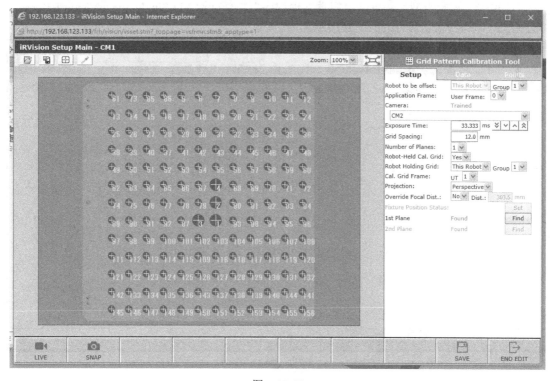

图 15-13

103

⑤ 单击“OK”按钮，出现图15-14所示内容，如果中间四个大圆中出现红线，调整相机位置，重复上一步，直到大圆没有红线为止。完成后禁止调整相机。

⑥ 单击“校准点”，使坏的点从大到小排列（图15-15），把偏差大的点删除，如0.7以上的点，单击“Save”→“Close”。

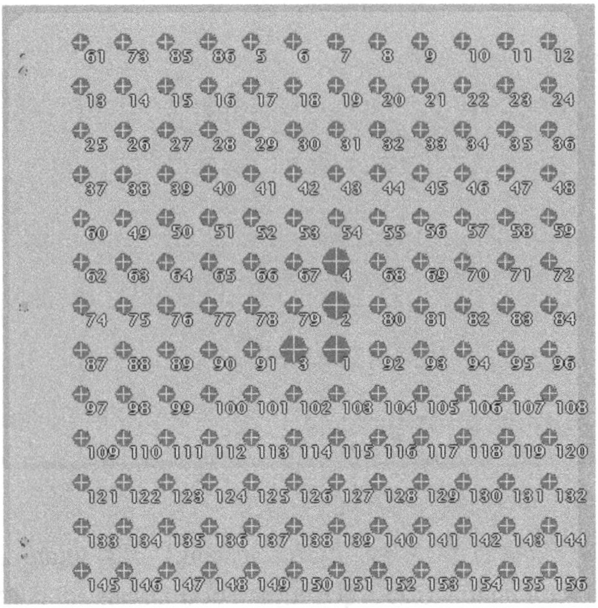

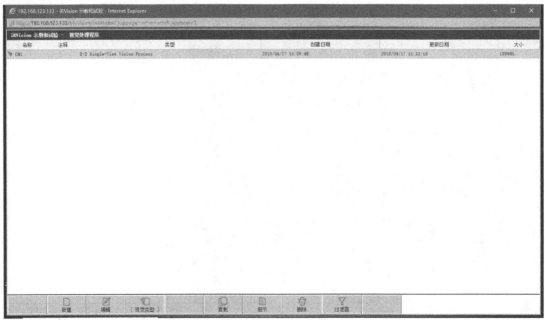

图 15-14

#	Vt	Hz	X	Y	Z	误差
52	172.7	229.7	90.0	90.0	0.0	0.075
43	138.6	331.9	120.0	0.0	0.0	0.073
151	445.6	331.9	-150.0	0.0	0.0	0.066
63	206.8	161.4	60.0	150.0	0.0	0.060
71	206.8	468.4	60.0	-120.0	0.0	0.059
137	411.5	366.1	-120.0	-30.0	0.0	0.058
29	104.4	366.1	150.0	-30.0	0.0	0.055
66	206.8	263.8	60.0	60.0	0.0	0.055
118	343.3	434.3	-60.0	-90.0	0.0	0.053
19	70.4	332.1	180.0	0.0	0.0	0.049
56	172.8	366.1	90.0	-30.0	0.0	0.048
20	70.3	366.1	180.0	-30.0	0.0	0.047
68	206.9	366.1	60.0	-30.0	0.0	0.047
109	343.3	127.3	-60.0	180.0	0.0	0.046
10	36.3	434.3	210.0	-90.0	0.0	0.044

图 15-15

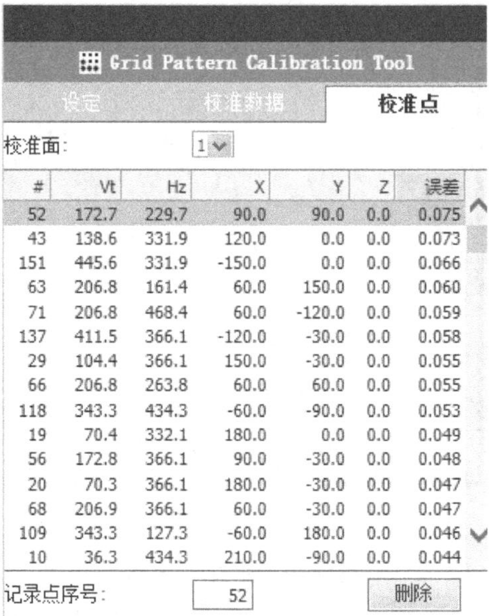

⑦ 单击“视觉类型”，单击“视觉处理程序”，新建“2-D Single-View Vision Process”类型程序，命名为CM1，如图15-16所示。

图 15-16

⑧ 单击“Camera Calibration”，选步骤7）新建的“CA1”。移走视觉校正板，添加一

个方块在工作台上来示教，使方块在相机的视域内，如图15-17所示。

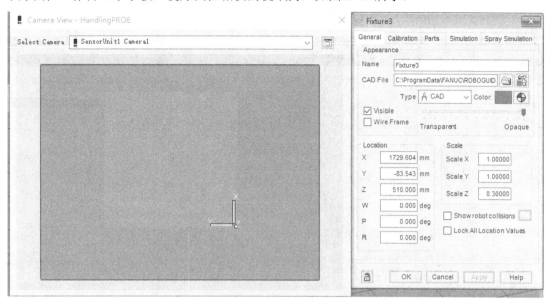

图　15-17

⑨ 单击"GPM Located Tool 1"，在角度参数中设置为-90和90，单击"Teach Pattern"，进行匹配图像编辑，然后单击"检出"，验证图像模板是否设置正确，如图15-18所示。单击"保存"保存参数设置。

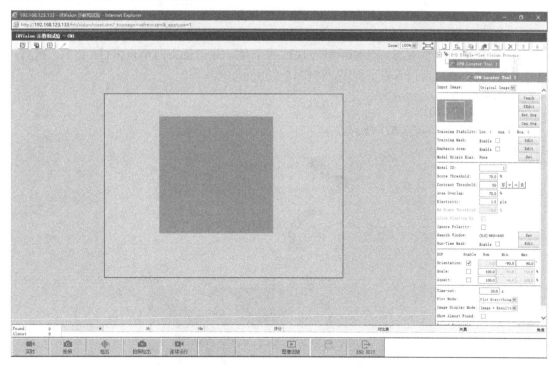

图　15-18

⑩ 单击"2-D Singal-View Vision Process"，"检出面Z向高度"设置为90mm。设置"补

正方法"为"位置补正",单击"检出位置"再单击"设置"(设置基准位置),然后依次单击"Save"→"Close",弹出对话框如图15-19所示。

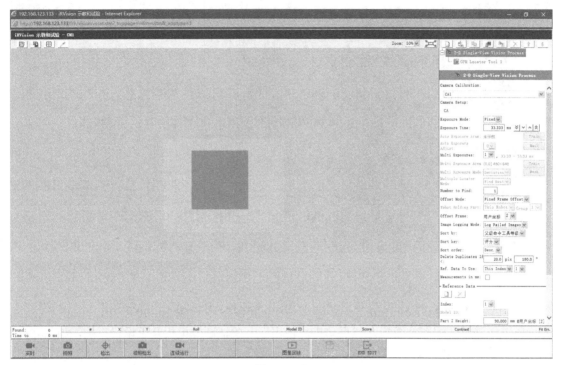

图 15-19

9)编程。

① 新建程序来示教点。分别示教方块的四个角,并记录为四个点P[1]、P[2]、P[3]、P[4]。在这四个点之前插入以下程序,如图15-20所示。

```
LBL [ 1 ]
VISION RUN_FIND 'CA2'
VISION GET_OFFSET 'CA2'  VR [ 1 ]
JMP LBL [ 1 ]
```

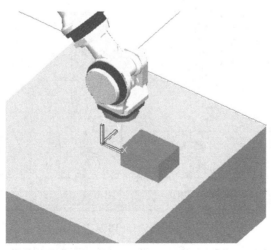

图 15-20

同时为这四个点添加偏移量。

```
J  P[1] 100% FINE VOFFSET,VR[1]
J  P[2] 100% FINE VOFFSET,VR[1]
J  P[3] 100% FINE VOFFSET,VR[1]
J  P[4] 100% FINE VOFFSET,VR[1]
```

② 在整个程序的首位加机器人初始位置点，使机器人不挡相机的视线，初始位置没有偏移量，编程结束。随意改变方块的位置，只要方块不出相机的视域区，不改变方块Z的大小，机器人都能找到这四个点。

项目测试

简述题：简述在实际操作中应该如何保证视觉的精度。

项目 ⑯

3D 视觉设置

项目描述

通过机器视觉来实现对工件的三维立体扫描仿真。

项目实施

1）新建一个工程文件，在第8项"Robot Options"中，"Software Options"选项卡需要选择的内容如图16-1所示。

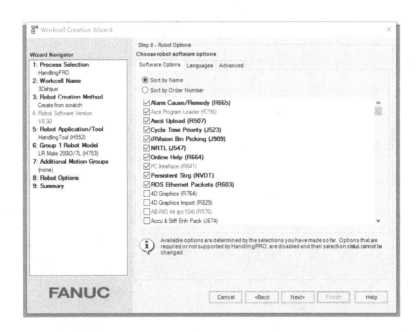

图　16-1

2）第8项"Robot Options"的Languages选项卡选择"Chinese Dictionary"；"Advanced"选项卡中"DRAM"选择"128 MB"，如图16-2所示。

3）设置完成后单击"Finish"按钮，等待几秒后进入有机器人的界面，如图16-3、图16-4所示。

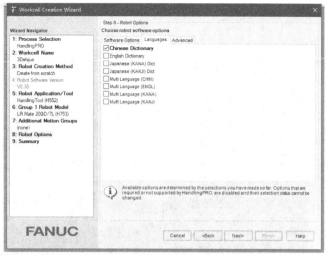

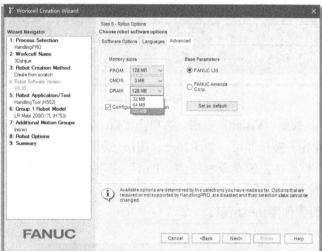

图　16-2

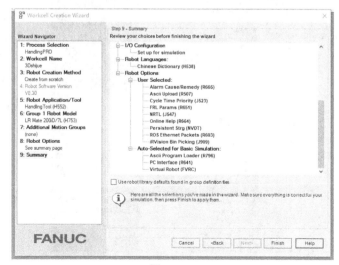

图　16-3

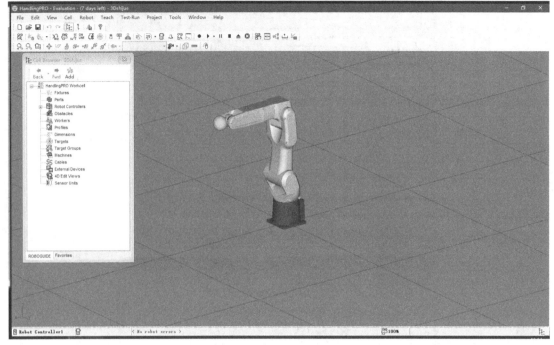

图　16-4

4）在左侧菜单，找到"Vision"右击，再单击"Enable Vision Simulation"，在弹出的对话框中直接单击"确定"按钮即可，如图16-5、图16-6所示。

5）添加一个物料。在左侧菜单栏找到"Part"选项右击，选择"Add Part"，再选择"Box"，如图16-7所示。

6）Box的参数设置如图16-8所示。

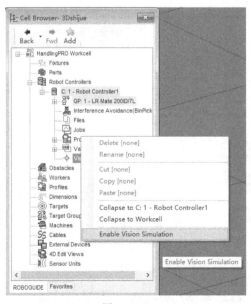

图　16-5

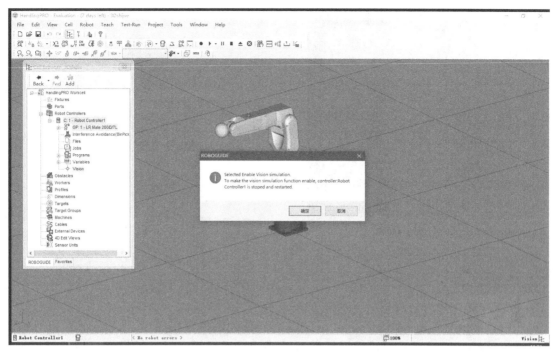

图 16-6

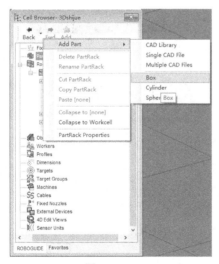

图 16-7

图 16-8

7）再添加一个用于装物料的盒子。在左侧菜单栏找到"Fixtures"项右击，选择"Add Fixture"，再选择"Container"，如图16-9所示。

8）Fixtures的尺寸及位置参数设置如图16-10所示。

9）找到"Fixture1"的"Parts"选项卡，勾选"Box"，然后单击"Add"按钮，如图16-11所示。

10）在弹出的"Place Parts"对话框中单击"Create Bulk"按钮，如图16-12所示。

11）按图16-13设置参数，单击3次"Create"，完成后单击"OK"按钮，在弹出的对话框中继续单击"OK"按钮，如图16-13～图16-15所示。

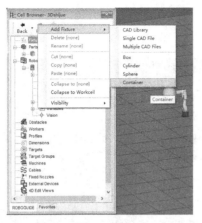

图　16-9

图　16-10

图　16-11

图　16-12

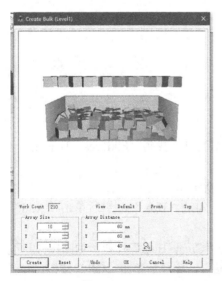

图　16-13

图　16-14

12）在左侧菜单栏的"Tooling"下右击"UT:1"，单击"Eoat1 Properties"，如图16-16所示；选择夹具"TIG_Torch_asm_water.igs"，如图16-17、图16-18所示。

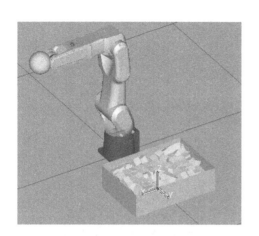

图　16-15

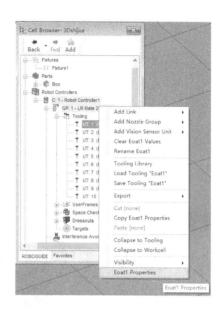

图　16-16

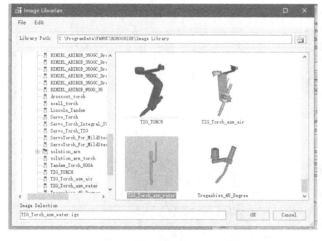

图　16-17

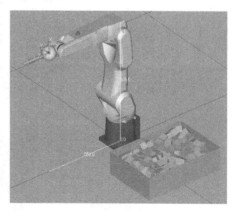

图　16-18

13）单击夹具的"UTOOL"选项卡，参数设置如图16-19所示。

14）单击夹具的"Parts"选项卡，如图16-20所示，设置参数，设置完成后，单击"OK"按钮。

15）在左侧菜单栏的"UserFrames"下右击"UF:1"，选择"UFrame1 Properties"，参数设置如图16-21、图16-22所示。

16）在左侧菜单栏右击"Sensor Units"，依次单击"Add Vision Sensor Unit"→"Add Projector"→"CAD Library"，选择相机的种类，如图16-23所示。

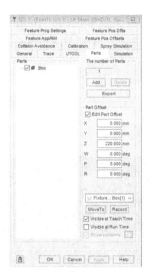

图　16-19

图　16-20

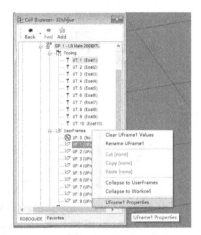

图　16-21

图　16-22

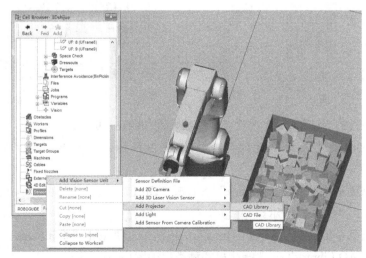

图　16-23

17）进入相机种类选项后，选择"Area_Sensor_Setup_Normal.def"，如图16-24所示。

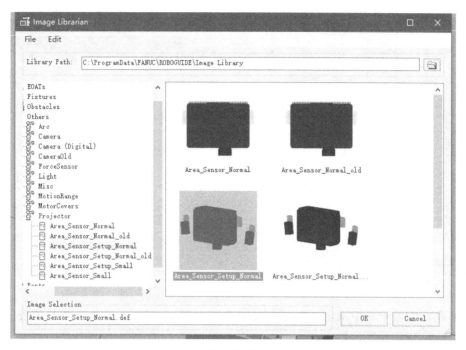

图 16-24

18）在左侧菜单栏中双击"Camera1"，然后设置Camera1的参数，如图16-25、图16-26所示。

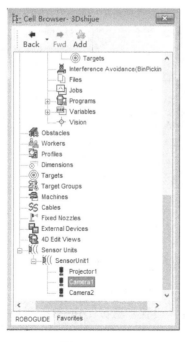

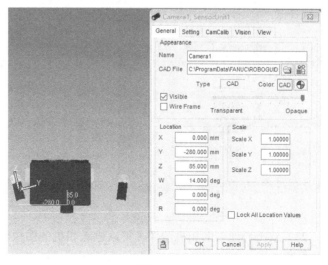

图 16-25   图 16-26

19）在左侧菜单栏中双击"Camera2"，然后设置Camera2的参数，如图16-27、图16-28所示。

115

图 16-27

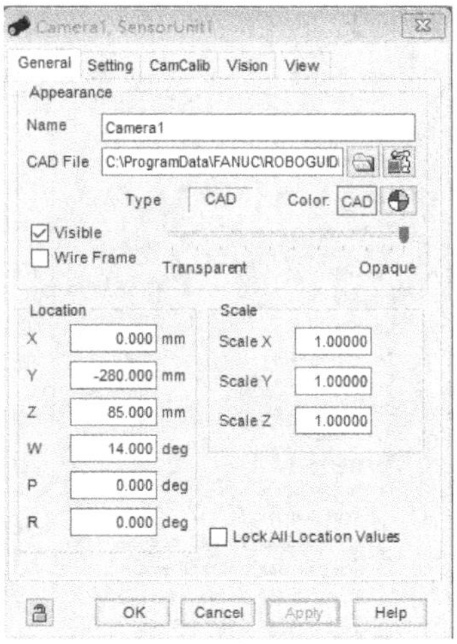

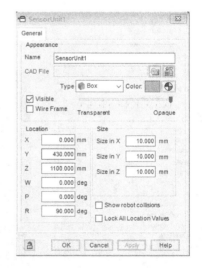

图 16-28

20）在左侧菜单栏中双击"SensorUnit1"，如图16-29所示；进入相机位置设置对话框，参数设置如图16-30所示。

图 16-29

图 16-30

21）双击界面中的相机图像，可以进入相机的图像设置，设置步骤按图16-31～图16-33操作即可。

22）在左侧菜单栏中右击"Camera1"，选择"Camera View"，可以查看在当前相机下的图像，如图16-34、图16-35所示。

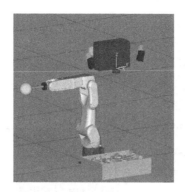

图 16-31

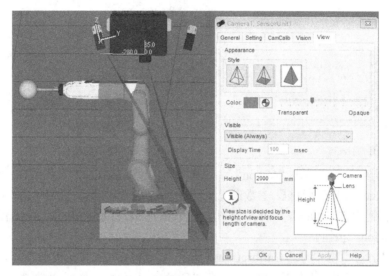

图 16-32

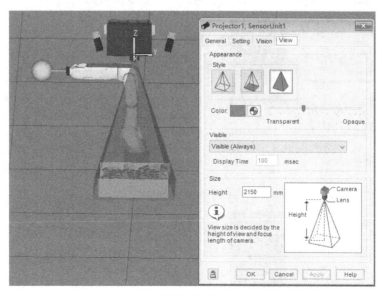

图 16-33

117

图 16-34

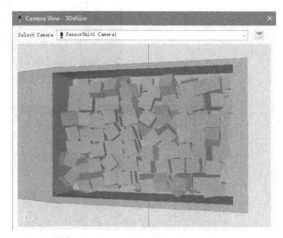

图 16-35

23）在左侧菜单栏中右击"Vision"，选择"Vision Properties"，如图16-36所示。

24）进入Vision的设置对话框，参数设置如图16-37～图16-41所示，然后单击"Apply"按钮。

25）全部设置完成后单击"OK"按钮，进入图16-42所示对话框，然后单击"Generate Camera Calibration"按钮。

26）在弹出对话框中，"Calibration Type"项选择ROBOT开头的项，然后"Camera Calibration Name"项取名为"CAL1"，在"Camera Setup Name"项取名为"CAM1"，"Application Frame"项选择"UF:1（UFramel）"，如图16-43所示。

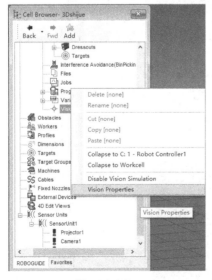

图 16-36

图 16-37

图 16-38

图 16-39

图 16-40

图 16-41

图 16-42

图 16-43

工业机器人虚拟仿真应用教程

27）采用同样的方法设置CAL2，如图16-44所示。

28）单击上方菜单栏的"Robot"菜单，选择"Internet Explorer"，如图16-45所示。

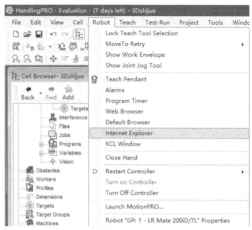

图 16-44　　　　　　　　　　　图 16-45

29）进入相机设置对话框后，单击"Vision Setup"如图16-46所示，进入相机的详细设置对话框。

图 16-46

30）单击左下角的"[VTYPE]"按钮，然后选择第三个，进入Vision Process Tools对话框，如图16-47、图16-48所示。

31）单击图16-48左下角的"CREATE"，新建一个"Type"为"3D Area Sensor"，"Name"为"Area_Sensor"的项目，然后单击"OK"按钮，如图16-49所示。

120

图　16-47

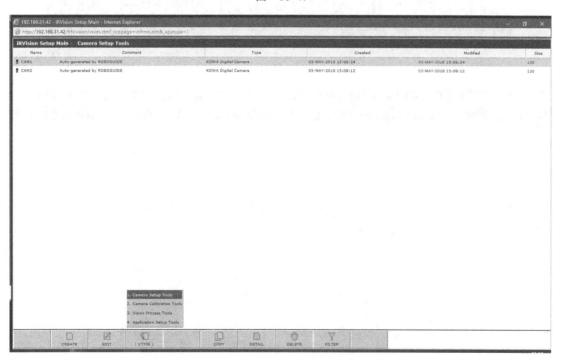

图　16-48

32）双击创建的项目，进入如图16-50所示对话框。

33）进入设置对话框后，进入"Camera View1"，将"Camera Calib"选项选为"CAL1"；进入"Camera View2"，将"Camera Calib"选项选为"CAL2"即可，如图16-51所示。

图 16-49

图 16-50

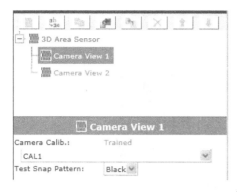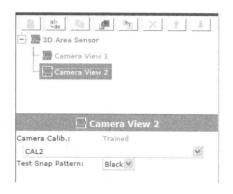

图 16-51

34）以上设置完成之后，单击主菜单的示教器图标，进入示教器界面，单击"Menu"→"iRVision"→"系统设定"，如图16-52所示。

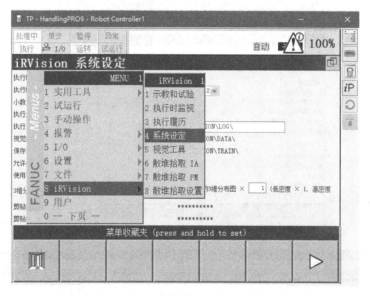

图 16-52

35）将3维分布图内存的数字"1"更改为"4"。

36）更改完成后，需要重启机器人才能生效，单击主菜单的"Robot"→"Restart Controller"→"Cold Start"，机器人重启，如图16-53、图16-54所示。

37）再次进入"3D Area Sensor"对话框，各参数设置如图16-55所示。

38）设置完成后单击"SAVE"并退出，进入"Vision Process Tools"对话框，单击左下角的"CREATE"，新建一个"Type"为"3D Area Sensor Vision Process"，"Name"为"Demo_Blob"的项目，如图16-56所示，单击"OK"按钮。

39）进入对话框后，单击"示教"，如图16-57所示，对工具箱的形状进行示教。

40）示教步骤为：分别选取物料盒的四个边角进行示教操作，示教完成后单击"确定"按钮，如图16-58～图16-61所示。

123

图 16-53

图 16-54

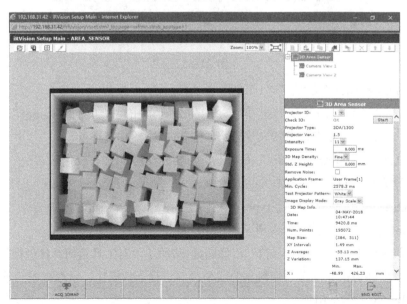

图 16-55

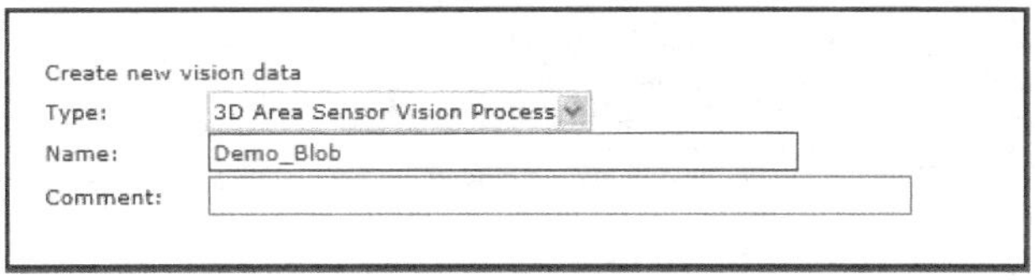

3D Area Sensor Vision Process

Area Sensor Preprocess Tool 1

Area Sensor Peak Locator Tool 1

Area Sensor Preprocess Tool 1

- 去除底面 -
有效:　　　　　　　　　☑
底面的Z方向高度:　　　　　　-145.0 mm

- 去除工件箱侧壁 -
有效:　　　　　　　　　☑
工件箱Z方向高度:　　　　　　0.0 mm
工件箱形状:　　　　　　示教
顶点编号:　　　　　1 / 0　　　移动
　　　　　　　　之后　　　追加
　　　　　　　　　　　　删除
侧壁的留边:　　　　　0.0 mm

- 去除离群值 -
有效:　　　　　　　　　☐
过滤器尺寸:　　　　　2 ▾
阈值:　　　　　　　10.0 mm
周围最小点数:　　　3 / 24

图像显示模式:　　3维分布图 + 结果 ▾

Create new vision data
Type:　　　3D Area Sensor Vision Process ▾
Name:　　　Demo_Blob
Comment:

图　16-56

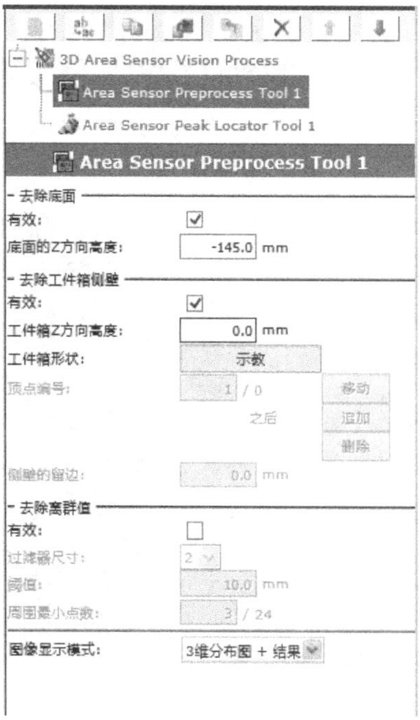

图　16-57

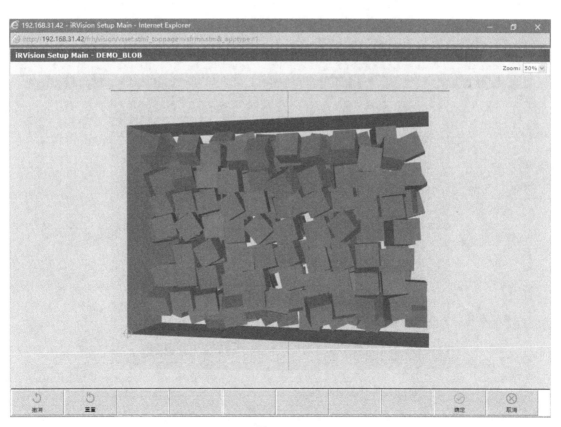

图　16-58

125

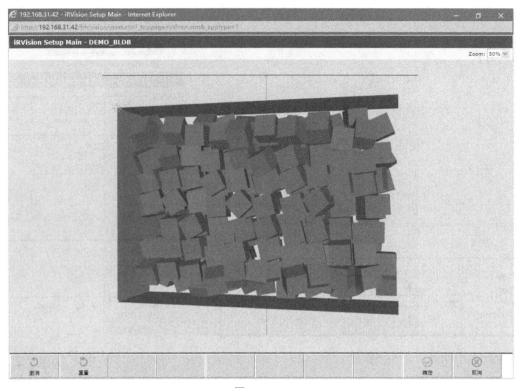

图 16-59

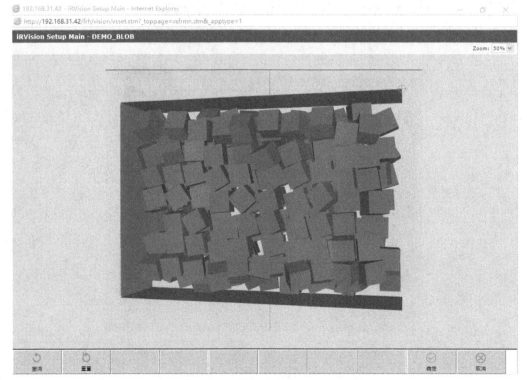

图 16-60

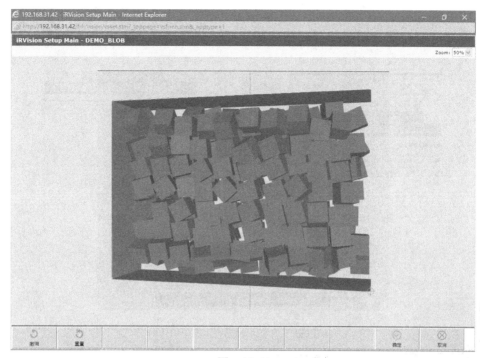

图　16-61

41）示教完成后，删除Area Sensor Peak Locator Tool1，如图16-62所示。

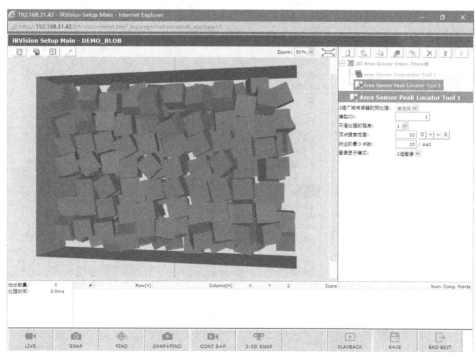

图　16-62

42）新建一个Area Sensor Blob Locator Tool1，如图16-63所示。

43）在"Measurement Output Tool1"中设置值1如图16-64所示。其他参数设置如图16-

65、图16-66所示。

图　16-63

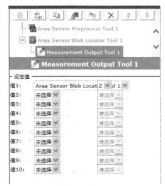

图　16-64

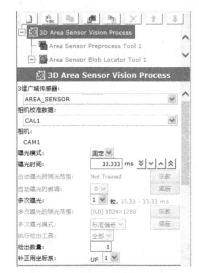

图　16-65

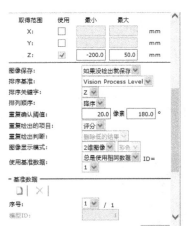

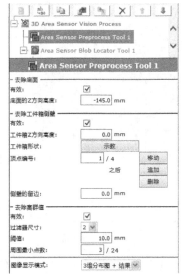

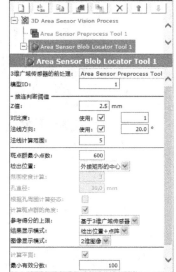

图　16-66

44）设置完参数后单击"确定"按钮，然后进入主界面，将Box[1]调整到合适的位置，如图16-67所示。

45）进入"3D Area Sensor Vision Process"，单击"设定"按钮，然后保存退出，如图16-68所示。

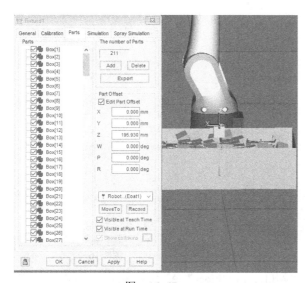

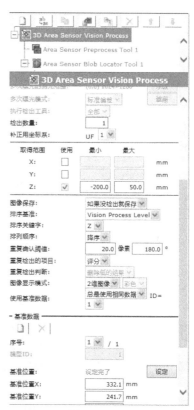

图 16-67

图 16-68

46）在左侧菜单栏添加一个Robot（Tool Object），如图16-69所示。

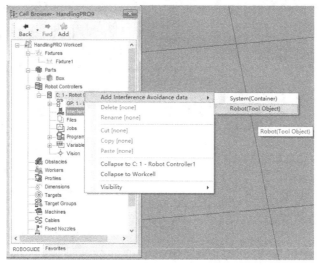

图 16-69

47）右击"Robot:1（ROB1）"，单击"Add Tool Object"→"Sphere"，各项参数设置如图16-70、图16-71所示。

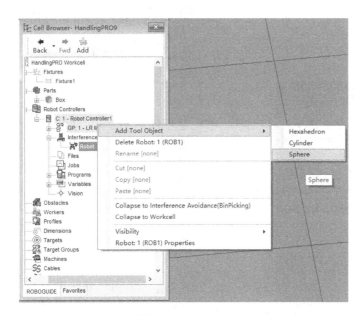

图　16-70　　　　　　　　　　　　　　　　　图　16-71

48）右击"Robot:1（ROB1）"，单击"Add Tool Object"→"Cylinder"，各项参数设置如图16-72、图16-73所示。

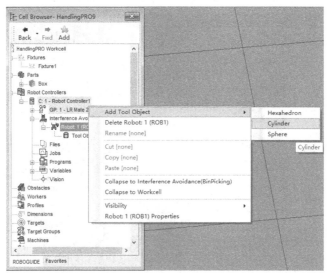

图　16-72

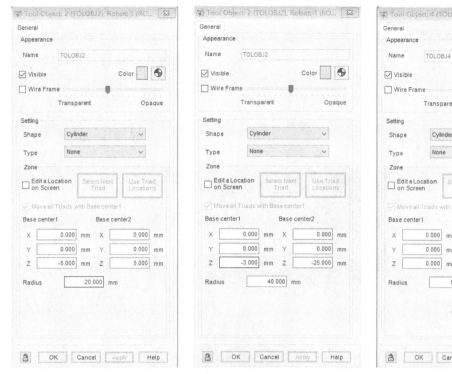

图　16-73

49）右击"Robot:1（ROB1）"，单击"Add Interference Avoidance data"→"System（Container）"，各项参数设置如图16-74、图16-75所示。

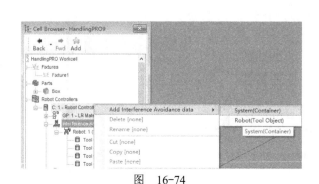

图　16-74

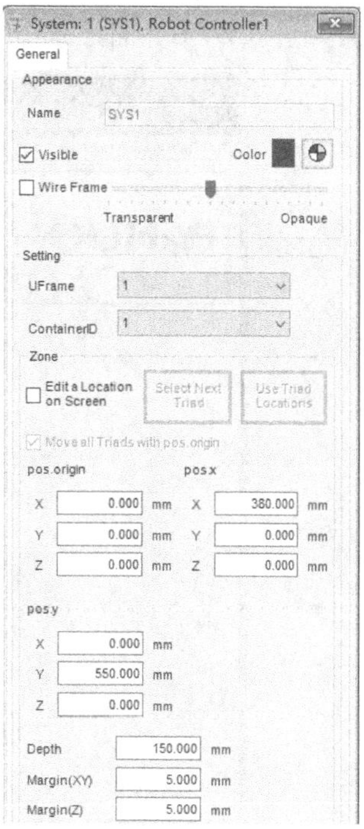

图　16-75

50）右击"Robot:1（ROB1）"，单击"Add Fixed Object"→"Hexahedron"，各项参数设置如图16-76、图16-77所示。

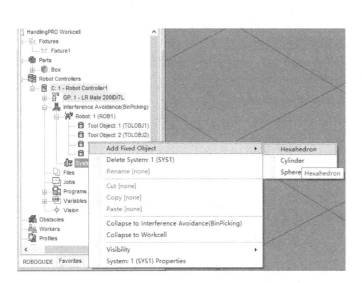

图　16-76　　　　　　　　　　　　　　　　　　图　16-77

51）进入WEB界面，单击"Interference Avoidance Setp"，如图16-78所示。

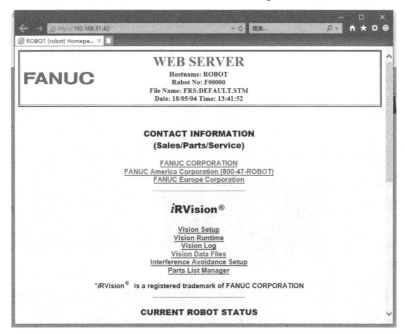

图　16-78

52）创建一个新的干涉碰撞设定数据，"类型"选择"回避条件"，"名称"选为"Pick_Condition"，单击"确定"按钮，设置各项参数，如图16-79、图16-80所示。

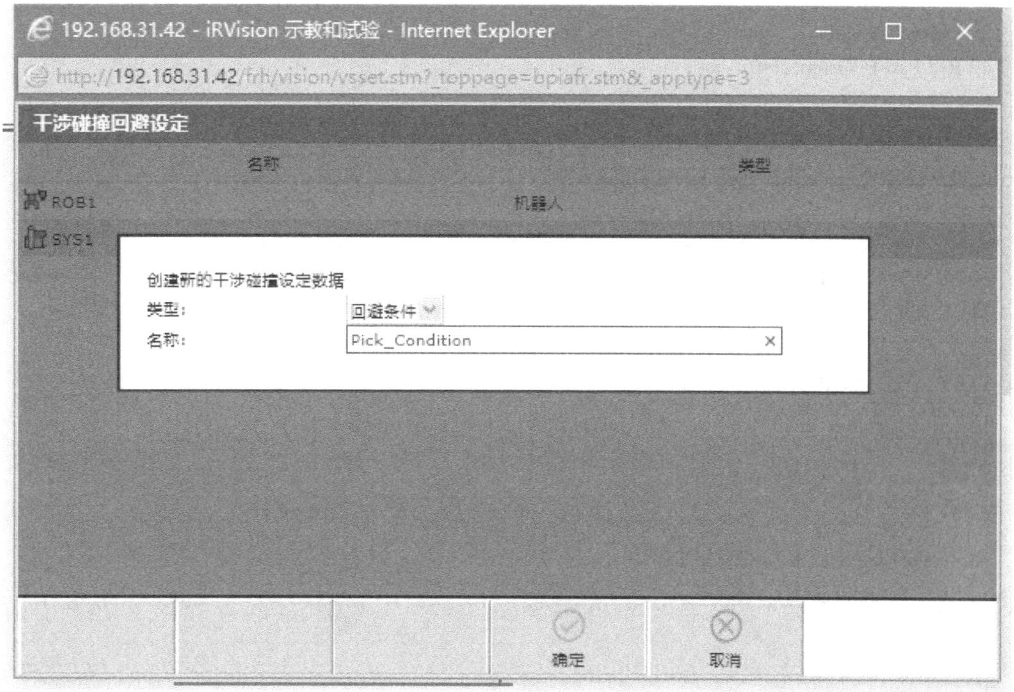

图 16-79

图 16-80

53）在示教器中编写如下程序。

```
1: LBL[100];
2: ;
3: ! Initialize Data;
4: R[2:Part In Gripper]=0;
5: ;
6: ! Clear all Part  Data in List 1;
7: CALL BINPICK_CLEAR(1);
8: ;
9: ;
10: UFRAME_NUM=1;
11: UTOOL_NUM=1;
12: ;
13:J PR[5:Home Pos] 100% FINE;
14: ;
15: ;
16: LBL[200];
17: ;
18: !Reset the Search List ID to 1;
19: R[5:Search List ID]=1;
20: ;
21: ;
22: LBL[300];
23: ;
24: !ACQVAMAP Arguments;
25: !AR[1]-Name of Sensor Process;
26: CALL BINPICK_ACQUIRE3DMAP('AREA_SENSOR')
27: ;
28: ;
29: LBL[310];
30: ;
31: !IMSEARCH Arguments;
32: !AR[1]-Part List Index Num;
33: !AR[2]-SEARCH VP Index Num;
34: !AR[3]-SEARCH Status Reg Num;
35: CALL BINPICK_SEARCH(1,R[5:Search List ID],6);
36: ;
37: !IF R[6]=0 Part Data Added;
38: !IF R[6]=1 No part Data Added;
39: !IF no data is added;
40: !Try different search pross;
41: IF R[6:Search Status]<>0,JMP LBL[350];
42: JMP LBL[400];
43: ;
44: LBL[350];
45: !Based on previous Search List ID;
```

46:   !next Search List ID is chosen;

47:   !IF all search process fail;

48:   !jump to end (bin empty);

49:   SELECT R[5:Search List ID]=1,JMP LBL[351];

50:      =2,JMP LBL[352];

51:        ELSE,JMP LBL[900];

52:   ;

53:   !Jump to LBL[300] to rescan;

54:   !Jump to LBL[310] to reuse area;

55:   !map;

56:   LBL[351];

57:   R[5:Search List ID]=2;

58:   JMP LBL[310];

59:   LBL[352];

60:   R[5:Search List ID]=3;

61:   JMP LBL[300];

62:   ;

63:   ;

64:   LBL[400];

65:   ;

66:   !IMPOP Arguments;

67:   !AR[1]-Part List Index Num;

68:   !AR[2]-Pop Status Reg Num;

69:   !AR[3]-SEARCH Model ID Reg Num;

70:   CALL BINPICK_POP（1，7，8）;

71:   ;

72:   !IF R[7] Status =0 Success;

73:   !IF R[7] Status =1 FAIL;

74:   !IF pop fails, scan bin;

75:   IF R[7:Pop Status]<>0,JMP LBL[200];

76:   ;

77:   ;

78:   LBL[500];

79:   ;

80:   IMGETPICKPOS Arguments;

81:   !AR[1]:Index of Part List;

82:   !AR[2]:Index in PICK POS LIST;

83:   !AR[3]:Status Reg 0=success;

84:   !AR[4]:PICK PR;

85:   !AR[5]:PICK PR IA OFFSET;

86:   !AR[6]:APPROACH PR;

87:   !AR[7]:APPROACH PR IA OFFSET;

88:   !AR[8]:Part ID for PICK(optional);

89:   CALL BINPICK_GETPICKPOS(1,R[9:Pick Pos ID],10,1,2,3);

90:   ;

91:   !IF R[10] Status =0 Success;

92:   !IF R[10] Status =1 FAIT;

93: !IF Pick IA fails, send part to;

94: !Black List and pop next part;

95: IF R[10:Get Pick Status]<>0, JMP LBL[510];

96: JMP LBL[600];

97: ;

98: LBL[510];

99: !IMSETSTAT 22 = PICK IA FAILED;

100: CALL BINPICK_SETSTAT(1,22);

101: JMP LBL[400];

102: ;

103: ;

104: LBL[600];

105: !PR[1] is the pick position;

106: !PR[3] is the approach position;

107: ;

108:L PR[7:Cntr ovr Bin Pos] 100mm/sec FINE;

109:L PR[3:Pick Appr Pos] 100mm/sec CNT100;

110:L PR[1:Pick Pos] 100mm/sec FINE;

111: ;

112: !Insert gripping instruction here;

113: PAUSE;

114: ;

115: ;

116: !Incremental move up;

117: ![0,0,100,0,0,0];

118:L PR[11:Inc Retreat] 100mm/sec FINE INC;

119:L PR[7:Cntr ovr Bin Pos] 100mm/sec Fine;

120: ;

121: !Cheak for part presence;

122: PAUSE;

123: !IF part in gripper set R[2]=1;

124: ;

125: ;

126: !IF pick is success go to drop;

127: !IF pick failed go to pop;

128: IF R[2:Part In Gripper]=1, JMP LBL[610];

129: JMP LBL[620];

130: ;

131: ;

132: LBL[610];

133: !IMSETSTAT 20 = Pick success;

134: CALL BINPICK SETSTAT(1,21);

135: JMP LBL[700];

136: ;

137: LBL[620];

138: !IMSETSTAT 21 = Pick Failed;

139: CALL BINPICK_SETSTAT(1,21);

140: JMP LBL[400];

141: ;

142: ;

143: LBL[700];

144: ;

145: !Insert drop instructions here;

146: PAUSE;

147: ;

148: ;

149: !Indicate no part in gripper;

150: R[2:Part In Gripper]=0;

151: ;

152: ;

153: !Pick complete! Return to pop;

154: JMP LBL[400];

155: ;

156: ;

157: LBL[900];

158: ;

159: !No more parts found;

160: MESSAGE (Bin Empty);

自此，3D视觉设置结束，后面可以通过编程来实现对物料的随机抓取。

项目测试

简答题：将3维分布图内存的数字更改后，需要进行什么操作。

项目 ⑰

手机壳打印仿真项目

项目描述

本项目讲解手机壳打印工作站项目的虚拟仿真及路径规划。

项目实施

1) 新建一个项目，机器人型号选择LR Mate 200iD/4S（H754），如图17-1所示。

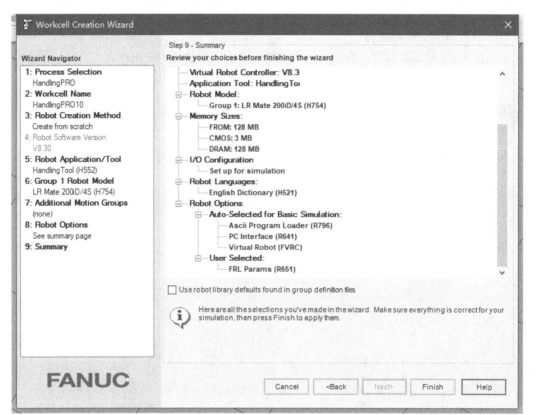

图 17-1

2) 调整机器人的位置，如图17-2所示。

3) 添加部件，选择"Fixtures"→Add Fixture→"Single CAD File"，如图17-3所示。

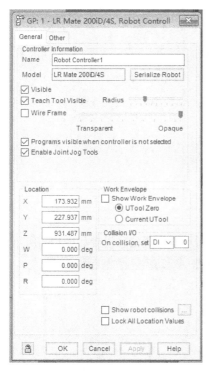

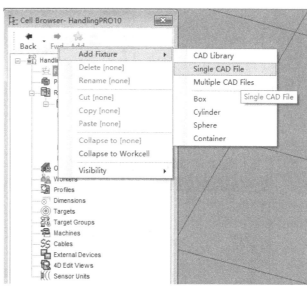

图 17-2　　　　　　　　　　　　　　　　　图 17-3

4）选择由机械工程师导出的IGS文件，这里先选择"gongzuotai.IGS"，如图17-4所示，其位置信息如图17-5所示。

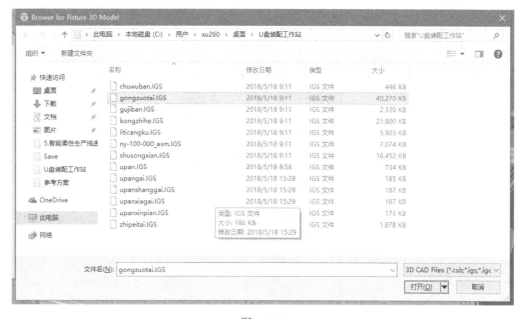

图 17-4

图 17-5

5）重复步骤3），添加"kongzhihe.IGS"，如图17-6所示，位置信息设置如图17-7所示。

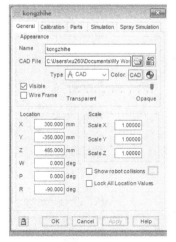

图 17-7

6）重复步骤3），选择"shusongxian.IGS"，如图17-8所示，位置信息设置如图17-9所示。

图 17-8

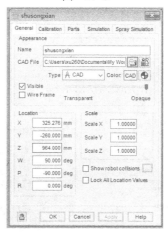

图 17-9

7）重复步骤3），选择"zhipeitai.IGS"，如图17-10所示，位置信息设置如图17-11所示。

图 17-10

141

8）右击左侧菜单栏的"Part"，单击"Add Part"→"Single CAD File"，添加需要搬运的物品，如图17-12所示。

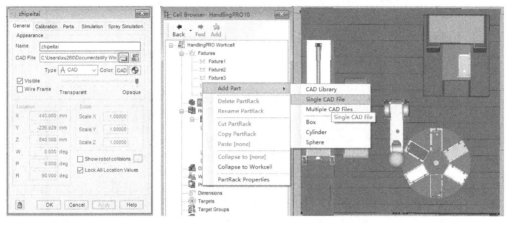

图 17-11   图 17-12

9）选择"gujiban.IGS"，单击"打开"按钮；然后重复步骤8），选择"gujiban.IGS"打开，如图17-13～图17-15所示。

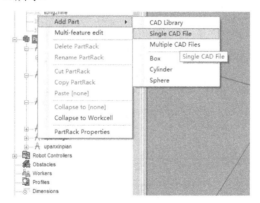

图 17-13

图 17-14

图　17-15

10）选择"upan.IGS"，单击"打开"按钮；然后重复步骤8），选择"upan.IGS"打开，如图17-16、图17-17所示。

图　17-16

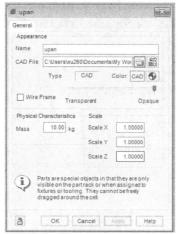

图　17-17

143

11）选择"upangai.IGS"，单击"打开"按钮；然后重复步骤8），选择"upangai.IGS"打开，如图17-18、图17-19所示。

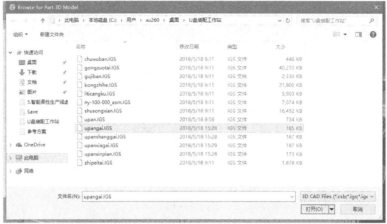

图　17-18

图　17-19

12）选择"upanshanggai.IGS"，单击"打开"按钮；然后重复步骤8），选择"upanshanggai.IGS"打开，如图17-20、图17-21所示。

图　17-20

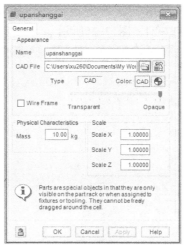

图 17-21

13）选择"upanxiagai.IGS"，单击"打开"按钮；然后重复步骤8），选择"upanxiagai.IGS"打开，如图 17-22、图17-23所示。

图 17-22

图 17-23

145

14）选择"upanxinpian.IGS"，单击"打开"按钮；然后重复步骤8），选择"upanxinpian.IGS"打开，如图17-24、图17-25所示。

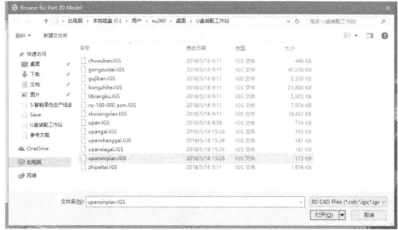

图　17-24

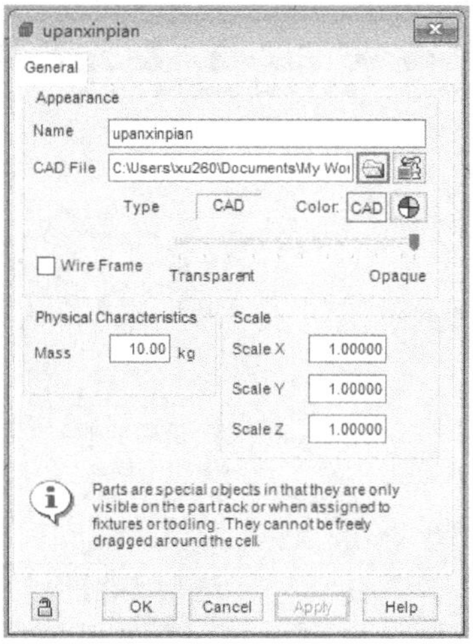

图　17-25

15）为机器人选择夹具，操作步骤及位置信息如图17-26～图17-28所示。

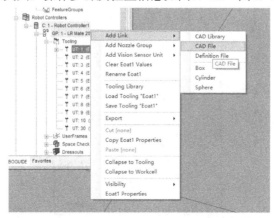

图　17-26

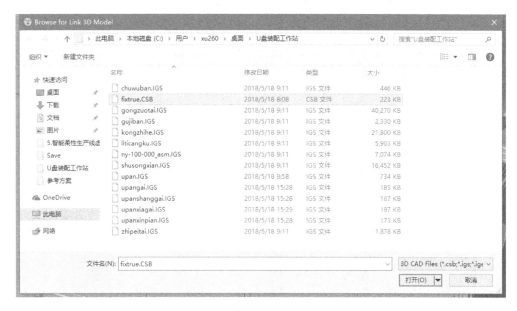

图 17-27

16）单击"UTOOL"选项卡，为夹具选择一个合适的工具坐标系，如图17-29所示。

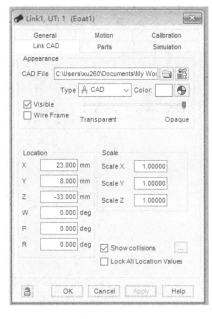

图 17-28　　　　　　　　　　　　　　　　图 17-29

17）单击"Parts"选项卡，分别调节box和phone case由吸盘吸起来的位置，如图17-30、图17-31所示。

18）分别对打印机、物料盒、下单机器和传送带上面的手机壳和纸盒进行位置设置。操作步骤分别如图17-32～图17-38所示。

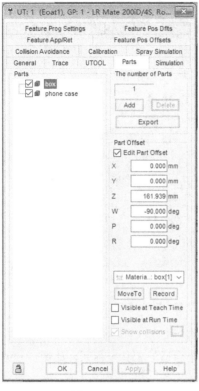

图　17-30　　　　　　　　　　　　　　图　17-31

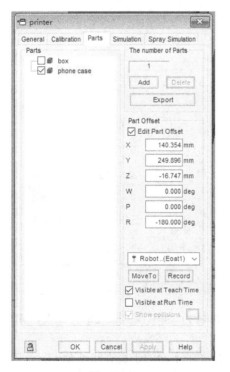

图　17-32　　　　　　　　　　　　　　图　17-33

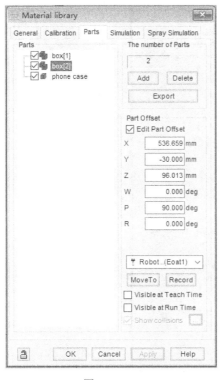

图 17-34

图 17-35

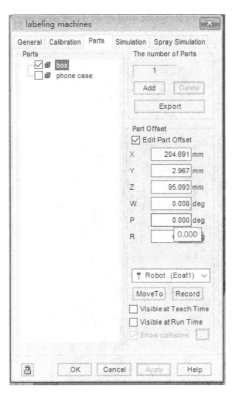

图 17-36

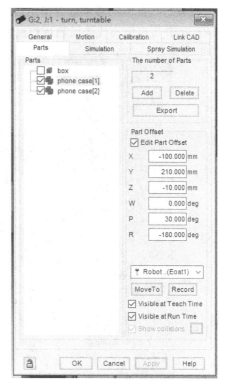

图 17-37

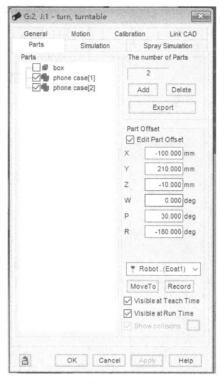

图　17-38

19）设置好机器人的基本位置信息后，就可以通过ROBOGUIDE的示教器对各个位置信息进行验证，并可以编写代码录制示教视频，如图17-39所示。

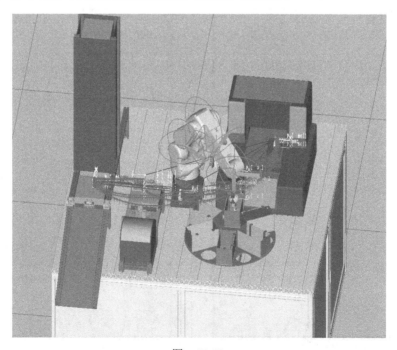

图　17-39

20）在示教器编写如下项目程序，验证程序流程及运动轨迹。

/PROG PROG1 主程序

```
/ATTR
OWNER = MNEDITOR;
COMMENT = "";
PROG_SIZE = 2716;
CREATE = DATE 18-05-23  TIME 14:31:08;
MODIFIED = DATE 18-05-23  TIME 14:31:10;
FILE_NAME = ;
VERSION = 0;
LINE_COUNT = 53;
MEMORY_SIZE = 3004;
PROTECT = READ_WRITE;
TCD: STACK_SIZE = 0,
     TASK_PRIORITY = 50,
     TIME_SLICE = 0,
     BUSY_LAMP_OFF = 0,
     ABORT_REQUEST = 0,
     PAUSE_REQUEST = 0;
DEFAULT_GROUP = 1,*,*,*,*;
CONTROL_CODE = 00000000 00000000;
/MN
   1:  !FANUC America Corp. ;
   2:  !ROBOGUIDE Generated This TPP ;
   3:  !Run SimPRO.cf to setup frame and ;
   4:  UTOOL_NUM[GP1，2]=1 ;
   5:  UFRAME_NUM[GP1，2]=0 ;
      IF R[2]=360 THEN ;
         R[2]=0 ;
      ELSE ;
         R[2]=R[2]+60 ;
      ENDIF ;
   6:  CALL JOB ;
   7:J P[1] 50% FINE   ;
   8:L P[2] 2000mm/sec FINE   ;
   9:  ! Pickup ('phone case') From ('tu ;
  10:  !WAIT 0.00 (sec) ;
  11:L P[3] 2000mm/sec FINE   ;
  12:J P[4] 100% FINE   ;
  13:L P[5] 2000mm/sec FINE   ;
  14:  ! Drop ('phone case') From ('GP  ;
  15:  !WAIT 0.00 (sec) ;
  16:L P[6] 2000mm/sec FINE   ;
  17:J P[7] 100% FINE   ;
  18:  DO[101]=ON ;
  19:J P[8] 100% CNT100   ;
  20:J P[9] 100% FINE   ;
  21:L P[10] 4000mm/sec FINE   ;
```

22: ! Pickup ('box') From ('Material ;
23: !WAIT 0.00 (sec) ;
24:L P[11] 2000mm/sec FINE   ;
25:J P[12] 50% FINE   ;
26:L P[13] 2000mm/sec FINE   ;
27: DO[101]=OFF ;
28: ! Drop ('box') From ('GP: 1 - UT ;
29: !WAIT 0.00 (sec) ;
30:J P[14] 100% CNT100   ;
31:J P[15] 100% FINE   ;
32:L P[16] 4000mm/sec FINE   ;
33: ! Pickup ('phone case') With ('GP ;
34: !WAIT 0.00 (sec) ;
35:L P[17] 4000mm/sec FINE   ;
36:J P[18] 100% CNT100   ;
37:J P[19] 100% FINE   ;
38:J P[20] 100% FINE   ;
39: ! Drop ('phone case') From ('GP ;
40: !WAIT 0.00 (sec) ;
41:J P[21] 100% FINE   ;
42:J P[22] 100% FINE   ;
43:L P[23] 2000mm/sec FINE   ;
44: ! Pickup ('box') From ('labeling ;
45: !WAIT 0.00 (sec) ;
46:J P[24] 50% FINE   ;
47:J P[25] 100% FINE   ;
48:L P[26] 2000mm/sec FINE   ;
49: ! Drop ('box') From ('GP: 1 - UT ;
50: !WAIT 0.00 (sec) ;
51:J P[27] 100% FINE   ;
52:J P[28] 100% FINE   ;
53: ENDFOR ;
/POS
P[1]{
   GP1:
  UF : 0, UT : 1, CONFIG : 'N U T, 0, 0, 0',
   X =   259.970 mm, Y = 307.120 mm, Z =   62.350 mm,
   W = -180.000 deg, P =   0.000 deg, R =   90.000 deg
};
P[2]{
   GP1:
  UF : 0, UT : 1, CONFIG : 'N U T, 0, 0, 0',
   X =   259.970 mm, Y = 307.120 mm, Z = -116.220 mm,
   W = -180.000 deg, P =   0.000 deg, R =   90.000 deg
};
P[3]{
   GP1:
  UF : 0, UT : 1, CONFIG : 'N U T, 0, 0, 0',

```
     X =   259.970  mm, Y =  307.120  mm, Z =   59.180  mm,
     W = -180.000 deg,  P =     0.000 deg,  R =  90.000 deg
};
P[4]{
    GP1:
   UF : 0, UT : 1, CONFIG : 'N U T, 0, 0, 0',
     X =  -216.730  mm, Y =  481.680  mm, Z =  -50.350  mm,
     W = -180.000 deg,  P =     0.000 deg,  R =   90.000 deg
};
P[5]{
    GP1:
   UF : 0, UT : 1, CONFIG : 'N U T, 0, 0, 0',
     X =  -216.730  mm, Y =  481.680  mm, Z = -106.890  mm,
     W = -180.000 deg,  P =     0.000 deg,  R =   90.000 deg
};
P[6]{
    GP1:
   UF : 0, UT : 1, CONFIG : 'N U T, 0, 0, 0',
     X =  -216.730  mm, Y =  481.680  mm, Z =  -58.290  mm,
     W =  180.000 deg,  P =     0.000 deg,  R =   90.000 deg
};
P[7]{
    GP1:
   UF : 0, UT : 1, CONFIG : 'N U T, 0, 0, 0',
     X =  185.160  mm, Y =  336.620  mm, Z =  -58.290  mm,
     W =  180.000 deg,  P =     0.000 deg,  R =   90.000 deg
};
P[8]{
    GP1:
   UF : 0, UT : 1, CONFIG : 'N U T, 0, 0, 0',
     X =   307.960  mm, Y =    4.520  mm, Z =  -56.930  mm,
     W = -180.000 deg,  P =  0.000 deg,  R =   90.000 deg
};
P[9]{
    GP1:
   UF : 0, UT : 1, CONFIG : 'N U T, 0, 0, 0',
     X =   183.610  mm, Y = -514.610  mm, Z = -130.830  mm,
     W = -180.000 deg,  P =     0.000 deg,  R = -180.000 deg
};
P[10]{
    GP1:
   UF : 0, UT : 1, CONFIG : 'N U T, 0, 0, 0',
     X =   183.610  mm, Y = -514.610  mm, Z = -170.360  mm,
     W = -180.000 deg,  P =     0.000 deg,  R = -180.000 deg
};
P[11]{
    GP1:
   UF : 0, UT : 1, CONFIG : 'N U T, 0, 0, 0',
```

X = 183.610 mm, Y = -514.610 mm, Z = -121.600 mm,
W = -180.000 deg, P =   0.000 deg, R = -180.000 deg
};
P[12]{
   GP1:
 UF : 0, UT : 1, CONFIG : 'N U T, 0, 0, 0',
 X = 191.390 mm, Y = -212.520 mm, Z = -89.180 mm,
 W = 180.000 deg, P =   0.000 deg, R =   0.000 deg
};
P[13]{
   GP1:
 UF : 0, UT : 1, CONFIG : 'N U T, 0, 0, 0',
 X = 191.390 mm, Y = -212.520 mm, Z = -164.360 mm,
 W = 180.000 deg, P =   0.000 deg, R =   0.000 deg
};
P[14]{
   GP1:
 UF : 0, UT : 1, CONFIG : 'N U T, 0, 0, 0',
 X = 191.390 mm, Y = -212.520 mm, Z = -63.790 mm,
 W = -180.000 deg, P =   0.000 deg, R =   0.000 deg
};
P[15]{
   GP1:
 UF : 0, UT : 1, CONFIG : 'N U T, 0, 0, 0',
 X = -216.730 mm, Y = 481.680 mm, Z = -59.620 mm,
 W = -180.000 deg, P =   0.000 deg, R = 90.000 deg
};
P[16]{
   GP1:
 UF : 0, UT : 1, CONFIG : 'N U T, 0, 0, 0',
 X = -216.730 mm, Y = 481.680 mm, Z = -106.890 mm,
 W = -180.000 deg, P =   0.000 deg, R = 90.000 deg
};
P[17]{
   GP1:
 UF : 0, UT : 1, CONFIG : 'N U T, 0, 0, 0',
 X = -216.730 mm, Y = 481.680 mm, Z = -56.930 mm,
 W = -180.000 deg, P =   0.000 deg, R = 90.000 deg
};
P[18]{
   GP1:
 UF : 0, UT : 1, CONFIG : 'N U T, 0, 0, 0',
 X = 325.560 mm, Y = 5.430 mm, Z = -56.930 mm,
 W = -180.000 deg, P = 0.000 deg, R = 90.000 deg
};
P[19]{
   GP1:
 UF : 0, UT : 1, CONFIG : 'N U T, 0, 0, 0',

X = 183.610 mm, Y = -514.610 mm, Z = -147.180 mm,
W = -180.000 deg, P = 0.000 deg, R = -180.000 deg
};
P[20]{
  GP1:
 UF : 0, UT : 1, CONFIG : 'N U T, 0, 0, 0',
 X = 183.610 mm, Y = -514.610 mm, Z = -178.530 mm,
 W = -180.000 deg, P = 0.000 deg, R = -180.000 deg
};
P[21]{
  GP1:
 UF : 0, UT : 1,CONFIG : 'N U T, 0, 0, 0',
 X = 183.850 mm, Y = -514.450 mm, Z = -126.630 mm,
 W = -180.000 deg, P = 0.000 deg, R = -180.000 deg
};
P[22]{
  GP1:
 UF : 0, UT : 1,CONFIG : 'N U T, 0, 0, 0',
 X = 191.390 mm, Y = -212.520 mm, Z = -87.670 mm,
 W = 180.000 deg, P = 0.000 deg, R = 0.000 deg
};
P[23]{
  GP1:
 UF : 0, UT : 1, CONFIG : 'N U T, 0, 0, 0',
 X = 191.390 mm, Y = -212.520 mm, Z = -164.360 mm,
 W = 180.000 deg, P = 0.000 deg, R = 0.000 deg
};
P[24]{
  GP1:
 UF : 0, UT : 1, CONFIG : 'N U T, 0, 0, 0',
 X = 191.390 mm, Y = -212.520 mm, Z = -121.820 mm,
 W = -180.000 deg, P = 0.000 deg, R = 0.000 deg
};
P[25]{
  GP1:
 UF : 0, UT : 1, CONFIG : 'N U T, 0, 0, 0',
 X = 183.610 mm, Y = -514.610 mm, Z = -129.050 mm,
 W = -180.000 deg, P = 0.000 deg, R = -180.000 deg
};
P[26]{
  GP1:
 UF : 0, UT : 1, CONFIG : 'N U T, 0, 0, 0',
 X = 183.610 mm, Y = -514.610 mm, Z = -170.360 mm,
 W = -180.000 deg, P = 0.000 deg, R = -180.000 deg
};
P[27]{
  GP1:
 UF : 0, UT : 1, CONFIG : 'N U T, 0, 0, 0',

```
    X =    183.610  mm, Y = -514.610  mm, Z = -132.410  mm,
    W = -180.000 deg, P =      0.000 deg,  R = -180.000 deg
};
P[28]{
   GP1:
  UF : 0, UT : 1, CONFIG : 'N U T, 0, 0, 0',
    X =    183.610  mm, Y = 116.680  mm, Z = -132.410  mm,
    W = -180.000 deg, P =      0.000 deg,  R = -180.000 deg
};
/END

/PROG  JOB 转台程序
/ATTR
OWNER = MNEDITOR;
COMMENT = "";
PROG_SIZE = 1191;
CREATE = DATE 18-05-18  TIME 14:07:06;
MODIFIED = DATE 18-05-23  TIME 14:18:12;
FILE_NAME = ;
VERSION = 0;
LINE_COUNT = 30;
MEMORY_SIZE = 1575;
PROTECT = READ_WRITE;
TCD:  STACK_SIZE = 0,
      TASK_PRIORITY = 50,
      TIME_SLICE = 0,
      BUSY_LAMP_OFF = 0,
      ABORT_REQUEST = 0,
      PAUSE_REQUEST = 0;
DEFAULT_GROUP = 1,1,*,*,*;
CONTROL_CODE = 00000000 00000000;
/MN
   1:  UFRAME_NUM[GP1,2]=0 ;
   2:  UTOOL_NUM[GP1,2]=1 ;
   3:  SELECT R[2]=60,JMP LBL[1] ;
   4:  SELECT R[2]=120,JMP LBL[2] ;
   5:  SELECT R[2]=180,JMP LBL[3] ;
   6:  SELECT R[2]=240,JMP LBL[4] ;
   7:  SELECT R[2]=300,JMP LBL[5] ;
   8:  SELECT R[2]=360,JMP LBL[6] ;
   9:  SELECT R[2]=0,JMP LBL[7] ;
  10: LBL[1] ;
  11:J P[1] 100% FINE    ;
  12: END ;
  13: LBL[2] ;
  14:J P[2] 100% FINE    ;
  15: END ;
  16: LBL[3] ;
```

```
17:J P[3] 100% FINE   ;
18:  END ;
19:  LBL[4] ;
20:J P[4] 100% FINE   ;
21:  END ;
22:  LBL[5] ;
23:J P[5] 100% FINE   ;
24:  END ;
25:  LBL[6] ;
26:J P[6] 100% FINE   ;
27:  END ;
28:  LBL[7] ;
29:J P[7] 100% FINE   ;
30:  END ;
/POS
P[1]{
   GP1:
  UF : 0, UT : 1, CONFIG : 'N U T, 0, 0, 0',
  X =  249.605  mm, Y = -27.455  mm, Z = -37.978  mm,
  W = 180.000 deg,  P =      .000 deg,  R =  90.000 deg
   GP2:
  UF : 0, UT : 1,
  J1=  -60.000 deg
};
P[2]{
   GP1:
  UF : 0, UT : 1, CONFIG : 'N U T, 0, 0, 0',
  X =  249.605  mm, Y = -27.455  mm, Z = -37.978  mm,
  W = 180.000 deg,  P =      .000 deg,  R =  90.000 deg
   GP2:
  UF : 0, UT : 1,
  J1= -120.000 deg
};
P[3]{
   GP1:
  UF : 0, UT : 1, CONFIG : 'N U T, 0, 0, 0',
  X =  249.605  mm, Y = -27.455  mm, Z = -37.978  mm,
  W = 180.000 deg,  P =      .000 deg,  R =  90.000 deg
   GP2:
  UF : 0, UT : 1,
  J1= -180.000 deg
};
P[4]{
   GP1:
  UF : 0, UT : 1, CONFIG : 'N U T, 0, 0, 0',
  X =  249.605  mm, Y = -27.455  mm, Z = -37.978  mm,
  W = 180.000 deg,  P =      .000 deg,  R =  90.000 deg
   GP2:
```

工业机器人虚拟仿真应用教程

```
   UF : 0, UT : 1,
   J1= -300.000 deg
};
P[5]{
   GP1:
  UF : 0, UT : 1, CONFIG : 'N U T, 0, 0, 0',
  X = 249.605 mm, Y = -27.455 mm, Z = -37.978 mm,
  W = 180.000 deg,  P =      .000 deg,  R = 90.000 deg
   GP2:
  UF : 0, UT : 1,
   J1= -300.000 deg
};
P[6]{
   GP1:
  UF : 0, UT : 1, CONFIG : 'N U T, 0, 0, 0',
  X = 249.605 mm, Y = -27.455 mm, Z = -37.978 mm,
  W = 180.000 deg, P =      .000 deg,  R = 90.000 deg
   GP2:
  UF : 0, UT : 1,
   J1= -360.000 deg
};
P[7]{
   GP1:
  UF : 0, UT : 1, CONFIG : 'N U T, 0, 0, 0',
  X = 249.605 mm, Y = -27.455 mm, Z = -37.978 mm,
  W = 180.000 deg,  P =      .000 deg,  R = 90.000 deg
   GP2:
  UF : 0, UT : 1,
   J1=    0.000 deg
};
/END
```

项目测试

实操题：通过ROBOGUIDE的示教器对机器人的各个位置进行验证，看其是否到达。

项目 ⑱

3C 产品装配仿真项目

项目描述

本项目讲解3C产品装配工作站项目的虚拟仿真及路径规划。

项目实施

1）新建一个项目，机器人型号选择LR Mate 200iD/4s(H754)，如图18-1所示。

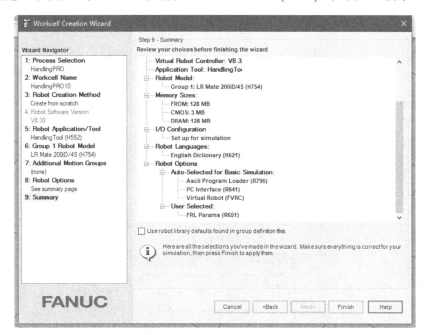

图 18-1

2）调整机器人的位置，如图18-2所示。

3）添加部件，选择"Fixtures"→"Add Fixture"→"Single CAD File"，如图18-3所示。

4）选择由机械工程师导出的IGS文件，这里先选择"gongzuotai.IGS"，如图18-4所示，其位置信息如图18-5所示。

5）重复步骤3），添加"kongzhihe.IGS"，如图18-6所示，位置信息设置如图18-7所示。

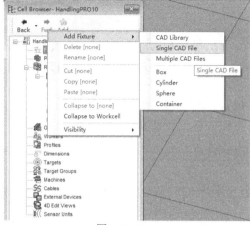

图 18-2

图 18-3

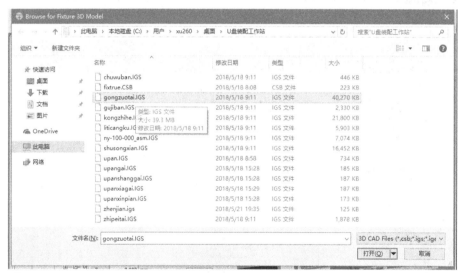

图 18-4

图 18-5

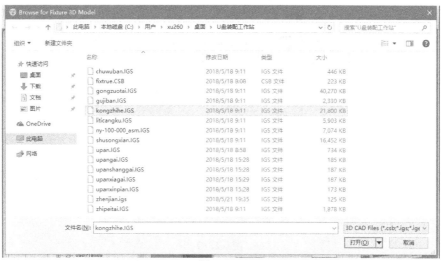

图 18-6

图 18-7

6）重复步骤3），选择"shusongxian.IGS"，如图18-8所示，位置信息设置如图18-9所示。

图 18-8

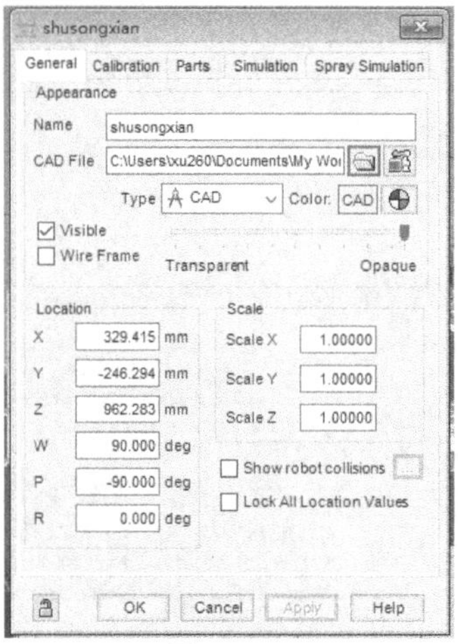

图 18-9

7）重复步骤3），选择"zhipeitai.IGS"，如图18-10所示，位置信息设置如图18-11所示。

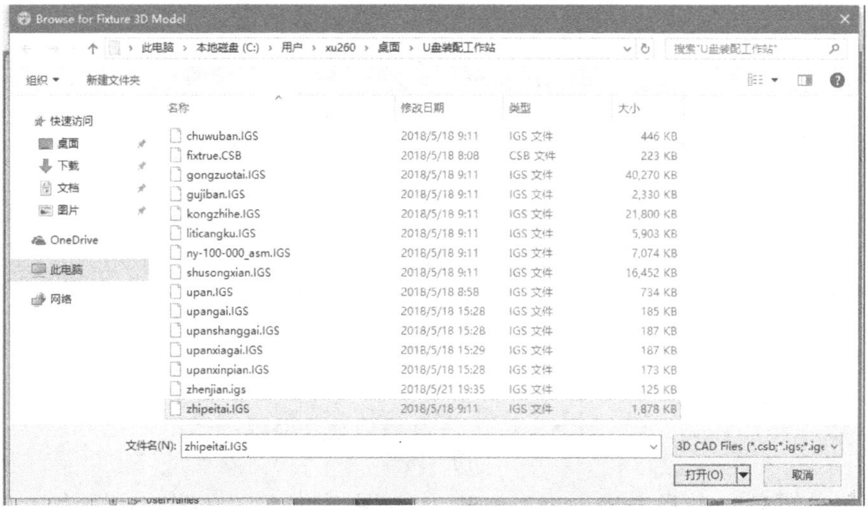

图 18-10

图 18-11

8）右击左侧菜单栏的"Part"，单击"Add Part"→"Single CAD File"，添加需要搬运的物品，如图18-12所示。

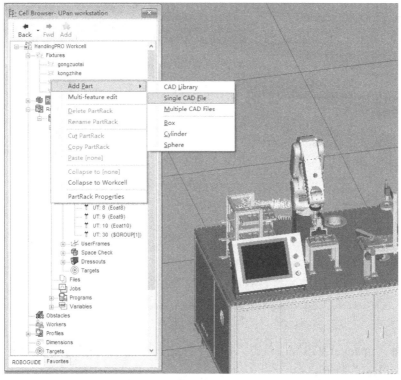

图　18-12

9）选择"guijiban.IGS"，单击"打开"按钮，如图18-13所示；然后重复步骤8），选择"guijiban.IGS"打开。

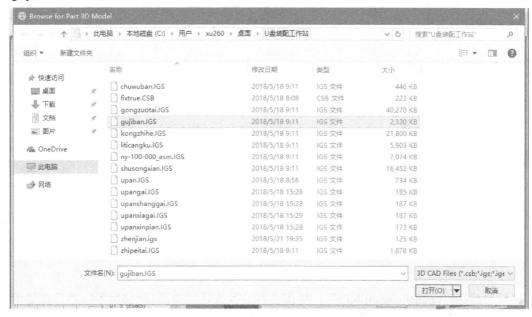

图　18-13

163

10）选择"upan.IGS"，单击"打开"按钮，如图18-14所示；然后重复步骤8），选择"upan.IGS"打开。

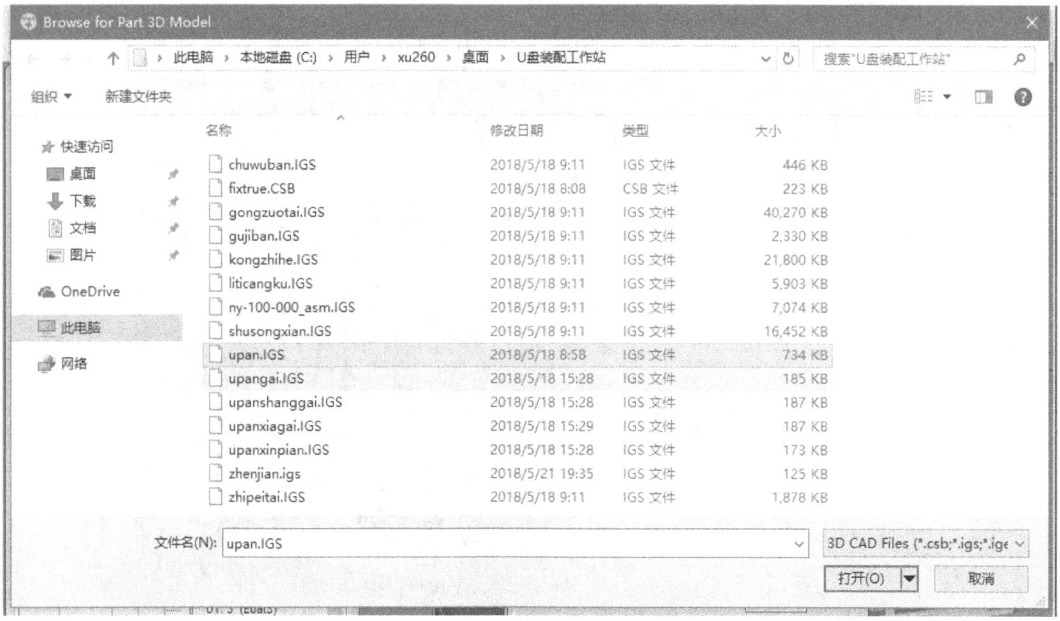

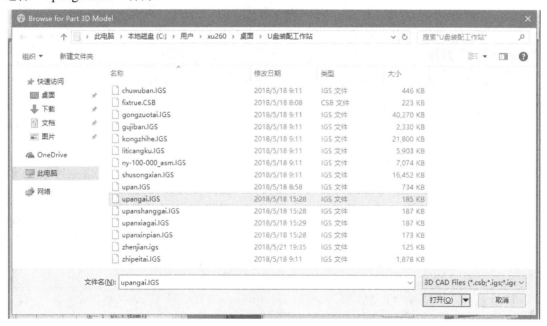

图　18-14

11）选择"upangai.IGS"，单击"打开"按钮，如图18-15所示；然后重复步骤8），选择"upangai.IGS"打开。

图　18-15

12）选择"upanshanggai.IGS"，单击"打开"按钮，如图18-16所示；然后重复步骤8），选择"upanshanggai.IGS"打开。

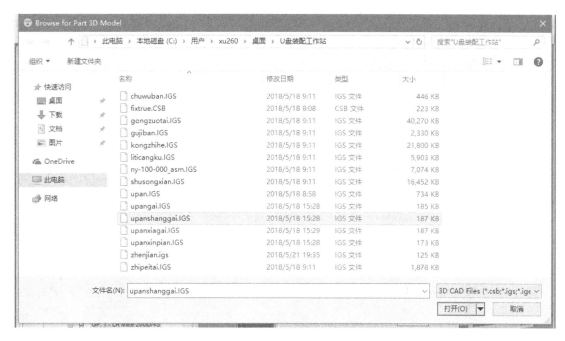

图 18-16

13）选择"upanxiagai.IGS"，单击"打开"按钮，如图18-17所示；然后重复步骤8），选择"upanxiagai.IGS"打开。

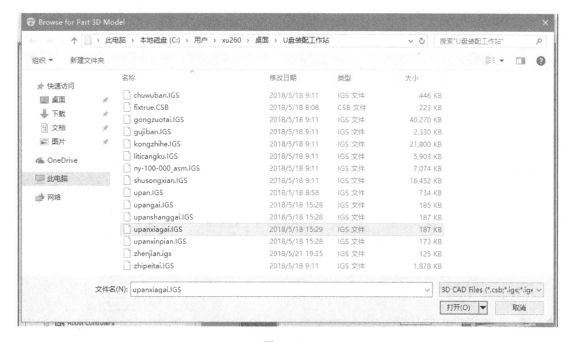

图 18-17

14）选择"upanxinpian.IGS"，单击"打开"按钮，如图18-18所示；然后重复步骤8），选择"upanxinpian.IGS"打开。

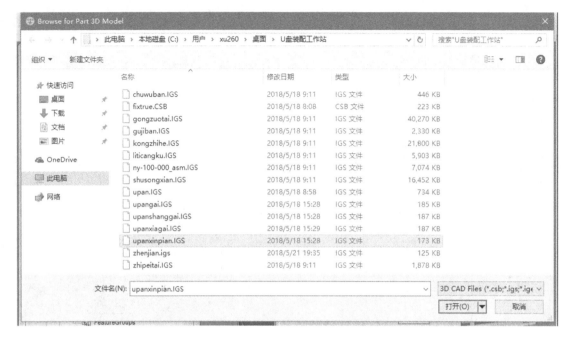

图 18-18

15）选择"zhenjian.IGS"，单击"打开"按钮，如图18-19所示；然后重复步骤8），选择"zhenjian.IGS"打开。

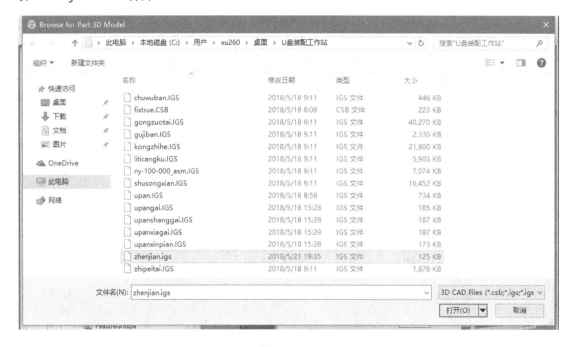

图 18-19

16）在左侧菜单栏右击"Tooling-UT:1"，然后单击"Add Link"→"CAD File"，如图18-20所示。

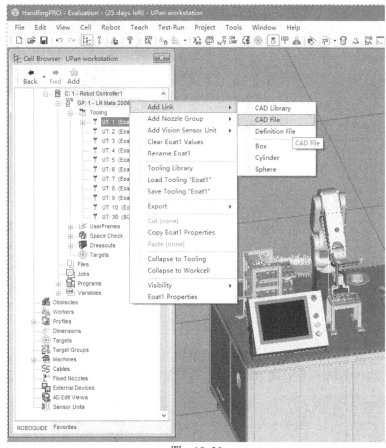

图 18-20

17）为机器人选择夹具，位置信息如图18-21、图18-22所示。

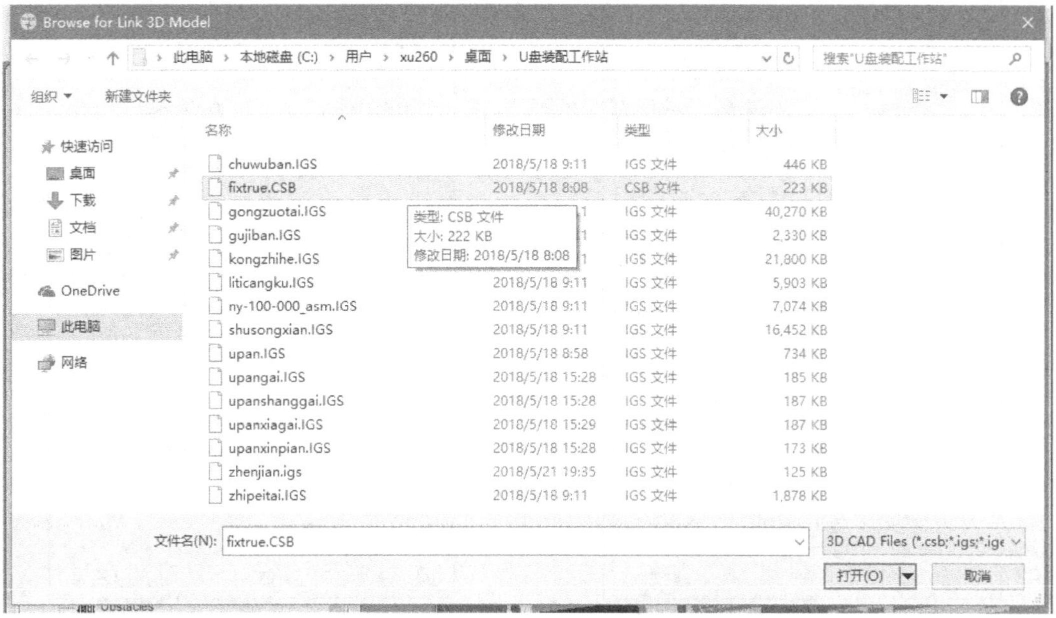

图 18-21

18）单击"UTOOL"选项卡，为夹具选择一个合适的工具坐标系，如图18-23所示。

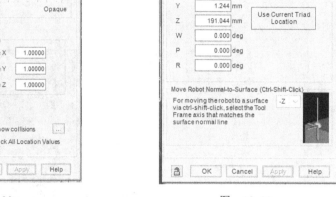

图　18-22　　　　　　　　　　　图　18-23

19）单击"Parts"选项卡，分别调节upan、upanxiagai、upangai、upanxinpian、upanshanggai、zhenjian由吸盘吸起来的位置，操作步骤分别如图18-24～图18-29所示。

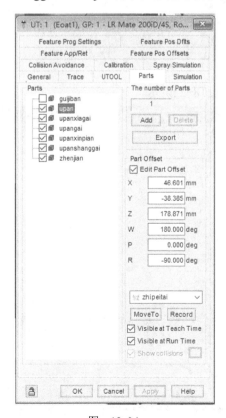

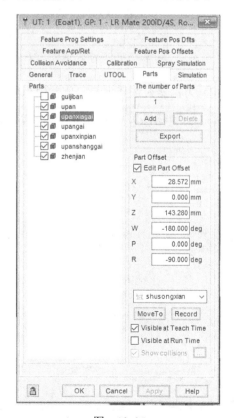

图　18-24　　　　　　　　　　　图　18-25

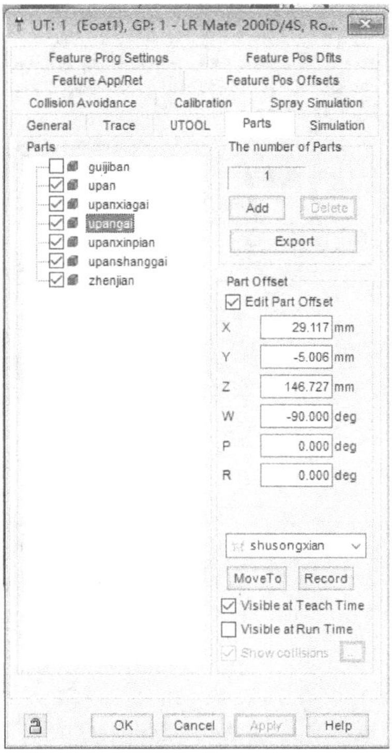

图　18-26

图　18-27

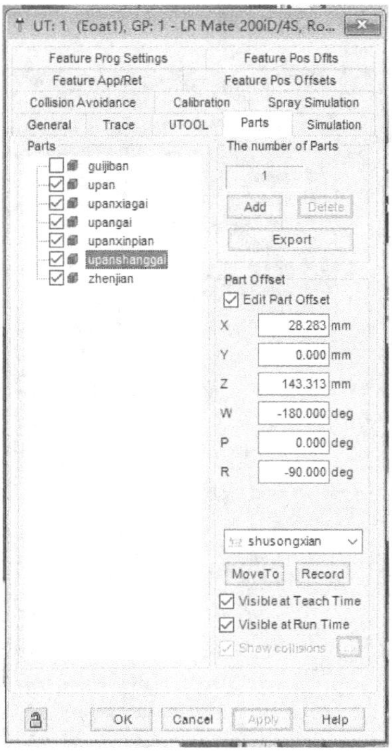

图　18-28

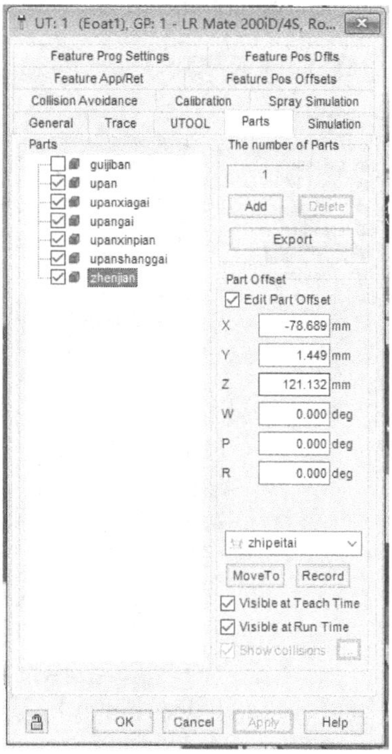

图　18-29

20）分别对输送线、装配台和工作台上面的U盘零件、针尖、轨迹板进行位置设置，操作步骤分别如图18-30～图18-40所示。

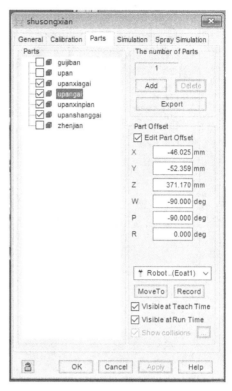

图 18-30

图 18-31

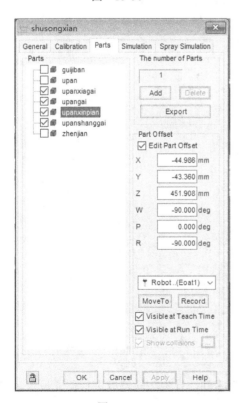

图 18-32

图 18-33

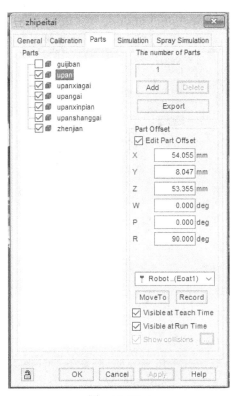

图 18-34

图 18-35

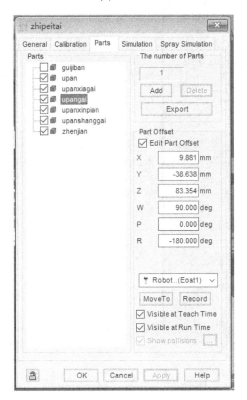

图 18-36

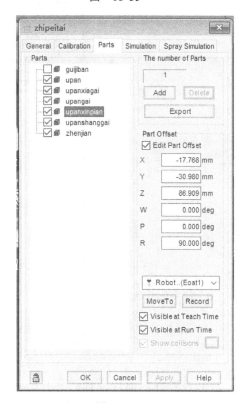

图 18-37

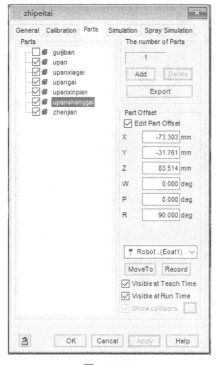

图 18-38

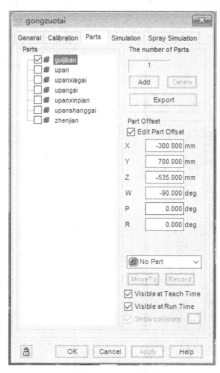

图 18-40

21）设置好各部件位置后，开始创建Machines立体仓库，右击"Machines"，单击"Add Machine"→"CAD File"，添加立体仓库模型，如图18-41、图18-42所示。

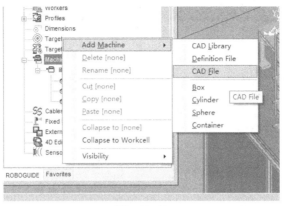

图 18-41

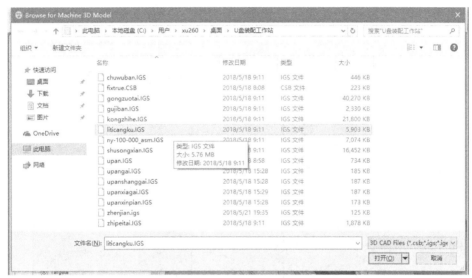

图 18-42

22）右击"liticangku"，添加运动附件立体仓库仓位chuwuban.IGS，一共三层，重复添加3个，设置其位置（设置位置时不勾选"Lock All Location Values"，设置完成勾选"Lock All Location Values"），操作步骤如图18-43～图18-47所示。

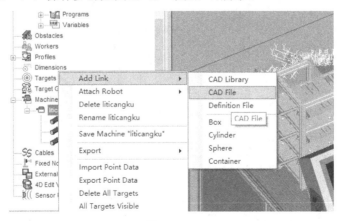

图 18-43

图 18-44

图 18-45

图 18-46

图 18-47

174

23）设置liticangku disanceng仓位的Parts参数。操作步骤如图18-48～图18-51所示。

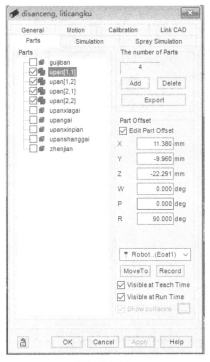

图　18-48

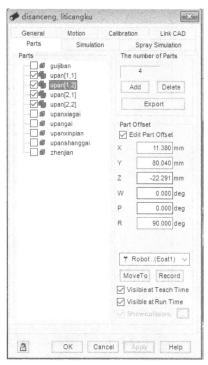

图　18-49

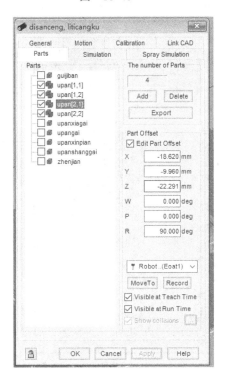

图　18-50

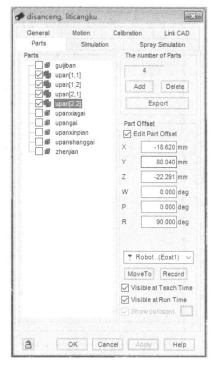

图　18-51

24）设置liticangku disanceng仓位的Simulation参数。操作步骤如图18-52～图18-55所示。

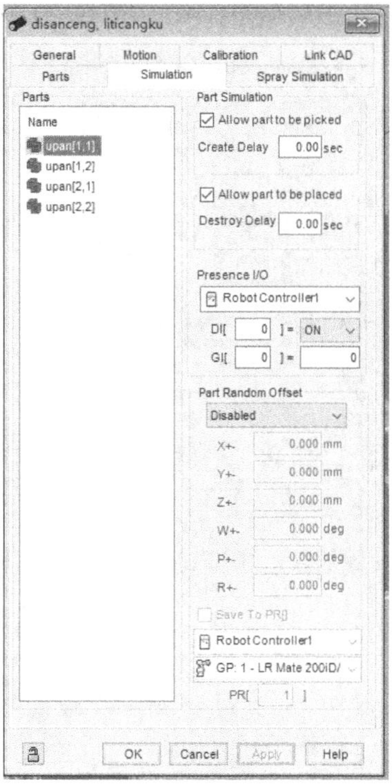

图 18-52

图 18-53

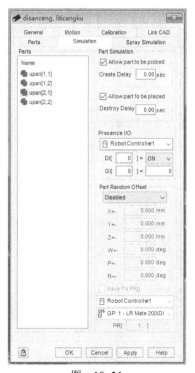

图 18-54

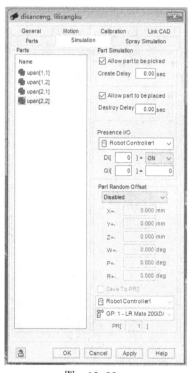

图 18-55

25）liticangku各部件位置设置完成后，配置其运动参数。操作步骤如图18-56～图18-61所示。

图　18-56

图　18-57

图　18-58

图　18-59

图　18-60

图　18-61

26）设置好机器人的基本位置信息后，就可以通过ROBOGUIDE的示教器对各个位置信息进行验证，编写程序及录制示教视频。如图18-62所示。

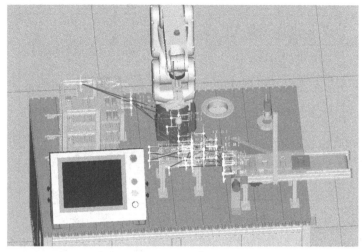

图 18-62

27）在示教器编写如下项目程序。

/PROG　PROG1

/ATTR

OWNER = MNEDITOR;

COMMENT = "";

PROG_SIZE = 5635;

CREATE = DATE 18-05-23　TIME 08:58:06;

MODIFIED = DATE 18-05-23　TIME 08:58:06;

FILE_NAME = ;

VERSION = 0;

LINE_COUNT = 117;

MEMORY_SIZE = 5955;

PROTECT = READ_WRITE;

TCD:　STACK_SIZE = 0,

　　　　TASK_PRIORITY = 50,

　　　　TIME_SLICE = 0,

　　　　BUSY_LAMP_OFF = 0,

　　　　ABORT_REQUEST = 0,

　　　　PAUSE_REQUEST = 0;

DEFAULT_GROUP = 1,*,*,*,*;

CONTROL_CODE = 00000000 00000000;

/MN

　1:　　!FANUC America Corp. ;

　2:　　!ROBOGUIDE Generated This TPP ;

　3:　　!Run SimPRO.cf to setup frame and ;

　4:　　UTOOL_NUM[GP1]=1 ;设置当前工具坐标系为1号坐标系

　5:　　UFRAME_NUM[GP1]=0 ;设置当前用户坐标系为0号坐标系

　6:　　PAYLOAD[1] ;设置当前负荷为1号负荷参数

7:J P[1] 100% FINE　　　　;

8:J P[2] 100% FINE　　　　;输送线U盘下盖上方取料点

9:L P[3] 2000mm/sec FINE　　;输送线U盘下盖取料点

10:　! Pickup ('upanxiagai') From ('sh ;输送线仿真取料

11:　!WAIT 0.00 (sec) ;

12:L P[4] 2000mm/sec FINE　　; 输送线U盘下盖上方取料点

13:J P[5] 100% FINE　　;

14:J P[6] 100% FINE　　; 装配台U盘下盖上方放料点

15:L P[7] 2000mm/sec FINE　　; 装配台U盘下盖放料点

16:　! Drop ('upanxiagai') From ('GP: ;装配台仿真放料

17:　!WAIT 0.00 (sec) ;

18:J P[8] 100% FINE　　; 输送线U盘下盖上方取料点

19:J P[9] 100% FINE　　; 输送线U盘盖上方取料点

20:L P[10] 2000mm/sec FINE　　; 输送线U盘盖取料点

21:　! Pickup ('upangai') From ('shuso ;

22:　!WAIT 0.00 (sec) ;

23:J P[11] 100% FINE　　; 装配台U盘盖上方取料点

24:J P[12] 100% FINE　　;

25:J P[13] 100% FINE　　; 装配台U盘盖上方放料点

26:L P[14] 4000mm/sec FINE　　; 装配台U盘盖放料点

27:　! Drop ('upangai') From ('GP: 1 - ;

28:　!WAIT 0.00 (sec) ;

29:J P[15] 100% FINE　　; 输送线U盘盖上方放料点

30:J P[16] 100% FINE　　;

31:J P[17] 100% FINE　　; 输送线U盘芯片上方取料点

32:L P[18] 2000mm/sec FINE　　; 输送线U盘芯片取料点

33:　! Pickup ('upanxinpian') From ('s ;

34:　!WAIT 0.00 (sec) ;

35:J P[19] 100% FINE　　; 输送线U盘芯片上方取料点

36:J P[20] 100% FINE　　;

37:J P[21] 100% FINE　　;装配台 U盘芯片上方放料点

38:L P[22] 2000mm/sec FINE　　; 装配台U盘芯片放料点

39:　! Drop ('upanxinpian') From ('GP ;

40:　!WAIT 0.00 (sec) ;

41:J P[23] 100% FINE　　; 装配台U盘芯片上方放料点

42:J P[24] 100% FINE　　; 输送线U盘上盖上方取料点

43:L P[25] 2000mm/sec FINE　　; 输送线U盘上盖取料点

44:　! Pickup ('upanshanggai') From (' ;

45:　!WAIT 0.00 (sec) ;

46:J P[26] 100% FINE　　; 输送线U盘上盖上方取料点

47:J P[27] 100% FINE　　; 装配台U盘上盖上方取料点

48:L P[28] 2000mm/sec FINE　　; 装配台处U盘上盖放料点

49:　! Drop ('upanshanggai') From ('GP ;

50:　!WAIT 0.00 (sec) ;

51:J P[29] 100% FINE　　; 装配台U盘上盖上方放料点

52:J P[30] 100% FINE　　;装配台U盘芯片上方取料点

53:L P[31] 1000mm/sec FINE　　;装配台U盘取料点

54:　! Pickup ('upanxinpian') From ('z ;装配台处模拟取料

55:　!WAIT 0.00 (sec) ;

56:L P[32] 1000mm/sec FINE　　　;装配台U盘芯片上方取料点

57:L P[33] 1000mm/sec FINE　　　;装配台U盘芯片上方放料点

58:L P[34] 2000mm/sec FINE　　　;装配台U盘芯片放料点

59:　! Drop ('upanxinpian') From ('GP: ;装配台处模拟放料

60:　!WAIT 0.00 (sec) ;

61:L P[35] 1000mm/sec FINE　　　;装配台U盘芯片上方放料点

62:J P[36] 100% FINE　　;装配台U盘上盖取料点

63:L P[37] 2000mm/sec FINE　　　;装配台U盘上盖取料点

64:　! Pickup ('upanshanggai') From (';装配台处模拟取料

65:　!WAIT 0.00 (sec) ;

66:J P[38] 100% FINE　　;装配台U盘上盖取料点

67:J P[39] 100% FINE　　;装配台U盘上盖放料上方点

68:L P[40] 2000mm/sec FINE　　　;装配台U盘放料点

69:　! Drop ('upanshanggai') From ('GP ;装配台处模拟放料

70:　!WAIT 0.00 (sec) ;

71:J P[41] 100% FINE　　;装配台U盘上盖放料上方点

72:L P[42] 2000mm/sec FINE　　　;装配台U盘盖取料点

73:　! Pickup ('upangai') From ('zhipe ;装配台处模拟取料

74:　!WAIT 0.00 (sec) ;

75:J P[43] 100% FINE　　;装配台U盘盖取料上方点

76:L P[44] 2000mm/sec FINE　　　;装配台U盘盖上方放料点

77:L P[45] 2000mm/sec FINE　　　;装配台U盘盖放料点

78:　! Drop ('upangai') From ('GP: 1 - ;装配台处模拟放料

79:　!WAIT 0.00 (sec) ;

80:J P[46] 100% FINE　　;装配台U盘盖上方放料点

81:L P[47] 4000mm/sec FINE　　　;装配台U盘取料点

82:　! Pickup ('upan') From ('zhipeita ;装配台处模拟取料

83:　!WAIT 0.00 (sec) ;

84:J P[48] 100% FINE　　;装配台U盘取料上方点

85:J P[49] 100% FINE　　;立体仓库上方放料点

86:L P[50] 2000mm/sec FINE　　　;立体仓库放料点

87:　! Drop ('upan') From ('GP: 1 - UT ;立体仓库处模拟放料

88:　!WAIT 0.00 (sec) ;

89:J P[51] 100% FINE　　;立体仓库放料上方点

90:J P[52] 100% FINE　　;装配台取针尖上方点

91:L P[53] 2000mm/sec FINE　　　;装配台取针尖点

92:　! Pickup ('zhenjian') From ('zhip ;装配台处模拟取针尖

93:　!WAIT 0.00 (sec) ;

94:J P[54] 100% FINE　　;装配台取针尖上方点

95:J P[55] 100% FINE　　;轨迹板上方点

96:　CALL FPRG1　;调用1号轨迹

97:　UTOOL_NUM[GP1]=1 ;

98:　UFRAME_NUM[GP1]=0 ;

99:J P[56] 100% FINE　　　;

100:　CALL FPRG2　;调用2号轨迹

101:　UTOOL_NUM[GP1]=1 ;

102:　UFRAME_NUM[GP1]=0 ;

103:J P[57] 100% FINE　　　;
104:　CALL FPRG3　　;调用3号轨迹
105:　UTOOL_NUM[GP1]=1 ;
106:　UFRAME_NUM[GP1]=0 ;
107:J P[58] 100% FINE　　　;
108:　CALL FPRG4　　;调用4号轨迹
109:　UTOOL_NUM[GP1]=1 ;
110:　UFRAME_NUM[GP1]=0 ;
111:J P[59] 100% FINE　　　;
112:J P[60] 100% FINE　　　;
113:J P[61] 100% FINE　　;装配台放针尖上方点
114:L P[62] 2000mm/sec FINE　　;装配台放针尖点
115:　! Drop ('zhenjian') From ('GP: 1　;装配台处模拟放针尖
116:　!WAIT 0.00 (sec) ;
117:J P[63] 100% FINE　　;默认初始点
/POS
P[1]{
　GP1:
　UF : 0, UT : 1, CONFIG : 'N U T, 0, 0, 0',
　X = 　233.100　mm, Y = -45.890　mm, Z = -118.040　mm,
　W = -180.000 deg, P = 　　0.000 deg, R = 　90.000 deg
};
P[2]{
　GP1:
　UF : 0, UT : 1, CONFIG : 'N U T, 0, 0, 0',
　X = 449.340　mm, Y = 188.660　mm, Z = -167.450　mm,
　W = 180.000 deg, P = 　　0.000 deg, R = 　90.000 deg
};
P[3]{
　GP1:
　UF : 0, UT : 1, CONFIG : 'N U T, 0, 0, 0',
　X = 449.340　mm, Y = 188.660　mm, Z = -219.160　mm,
　W = 180.000 deg, P = 　　0.000 deg, R = 　90.000 deg
};
P[4]{
　GP1:
　UF : 0, UT : 1, CONFIG : 'N U T, 0, 0, 0',
　X = 449.340　mm, Y = 188.660　mm, Z = -143.360　mm,
　W = 180.000 deg, P = 　　0.000 deg, R = 　90.000 deg
};
P[5]{
　GP1:
　UF : 0, UT : 1, CONFIG : 'N U T, 0, 0, 0',
　X = 　449.340　mm, Y = 21.260　mm, Z = -143.360　mm,
　W = -180.000 deg, P = 　0.000 deg, R = 　90.000 deg
};
P[6]{

```
    GP1:
   UF : 0, UT : 1, CONFIG : 'N U T, 0, 0, 0',
    X =   351.720  mm, Y = 54.710  mm, Z = -129.410  mm,
    W = -180.000 deg,  P =   0.000 deg,  R =   -90.000 deg
   };
P[7]{
    GP1:
   UF : 0, UT : 1, CONFIG : 'N U T, 0, 0, 0',
    X =  351.720  mm, Y = 54.710  mm, Z = -208.680  mm,
    W = 180.000 deg,  P =   0.000 deg,  R =   -90.000 deg
   };
P[8]{
    GP1:
   UF : 0, UT : 1, CONFIG : 'N U T, 0, 0, 0',
    X =   351.720  mm, Y = 54.710  mm, Z = -145.590  mm,
    W = -180.000 deg,  P =   0.000 deg,  R =    -90.000 deg
   };
P[9]{
    GP1:
   UF : 0, UT : 1, CONFIG : 'N U T, 0, 0, 0',
    X =   450.410  mm, Y = 188.150  mm, Z = -102.870  mm,
    W = -180.000 deg,  P =   0.000 deg,  R =    90.000 deg
   };
P[10]{
    GP1:
   UF : 0, UT : 1, CONFIG : 'N U T, 0, 0, 0',
    X =   450.410  mm, Y = 188.150  mm, Z = -211.660  mm,
    W = -180.000 deg,  P =   0.000 deg,  R =    90.000 deg
   };
P[11]{
    GP1:
   UF : 0, UT : 1, CONFIG : 'N U T, 0, 0, 0',
    X =   450.410  mm, Y = 188.150  mm, Z = -119.030  mm,
    W = -180.000 deg,  P =   0.000 deg,  R =    90.000 deg
   };
P[12]{
    GP1:
   UF : 0, UT : 1, CONFIG : 'N U T, 0, 0, 0',
    X =   450.410  mm, Y = 18.200  mm, Z = -119.030  mm,
    W = -180.000 deg,  P =   0.000 deg,  R =    90.000 deg
   };
P[13]{
    GP1:
   UF : 0, UT : 1, CONFIG : 'N U T, 0, 0, 0',
    X =   353.550  mm, Y = -134.020  mm, Z = -158.640  mm,
    W = -180.000 deg,  P =   0.000 deg,  R =    90.000 deg
   };
```

P[14]{
　GP1:
　UF : 0, UT : 1, CONFIG : 'N U T, 0, 0, 0',
　X =　353.550　mm, Y = -134.020　mm, Z = -204.570　mm,
　W = -180.000 deg, P =　　0.000 deg, R =　90.000 deg
};
P[15]{
　GP1:
　UF : 0, UT : 1, CONFIG : 'N U T, 0, 0, 0',
　X =　353.550　mm, Y = -134.020　mm, Z = -125.800　mm,
　W = -180.000 deg, P =　　0.000 deg, R =　90.000 deg
};
P[16]{
　GP1:
　UF : 0, UT : 1, CONFIG : 'N U T, 0, 0, 0',
　X =　353.550　mm, Y = 57.300　mm, Z = -125.800　mm,
　W = -180.000 deg, P =　0.000 deg, R =　90.000 deg
};
P[17]{
　GP1:
　UF : 0, UT : 1, CONFIG : 'N U T, 0, 0, 0',
　X =　452.020　mm, Y = 188.820　mm, Z = -165.110　mm,
　W = -180.000 deg, P =　　0.000 deg, R =　90.000 deg
};
P[18]{
　GP1:
　UF : 0, UT : 1, CONFIG : 'N U T, 0, 0, 0',
　X =　452.020　mm, Y = 188.820　mm, Z = -214.240　mm,
　W = -180.000 deg, P =　　0.000 deg, R =　90.000 deg
};
P[19]{
　GP1:
　UF : 0, UT : 1, CONFIG : 'N U T, 0, 0, 0',
　X =　452.020　mm, Y = 188.820　mm, Z = -165.930　mm,
　W = -180.000 deg, P =　　0.000 deg, R =　90.000 deg
};
P[20]{
　GP1:
　UF : 0, UT : 1, CONFIG : 'N U T, 0, 0, 0',
　X =　452.020　mm, Y = -53.500　mm, Z = -165.930　mm,
　W = -180.000 deg, P =　　0.000 deg, R =　90.000 deg
};
P[21]{
　GP1:
　UF : 0, UT : 1, CONFIG : 'N U T, 0, 0, 0',
　X =　356.090　mm, Y = 108.640　mm, Z = -157.000　mm,
　W = -180.000 deg, P =　　0.000 deg, R =　-90.000 deg

```
};
P[22]{
   GP1:
  UF : 0, UT : 1, CONFIG : 'N U T, 0, 0, 0',
   X =   356.090  mm, Y = 108.640  mm, Z =  -204.630  mm,
   W = -180.000 deg,  P =    0.000 deg,  R =   -90.000 deg
};
P[23]{
   GP1:
  UF : 0, UT : 1, CONFIG : 'N U T, 0, 0, 0',
   X =   356.090  mm, Y = 108.640  mm, Z =   -61.750  mm,
   W = 180.000 deg,  P =    0.000 deg,  R =   -90.000 deg
};
P[24]{
   GP1:
  UF : 0, UT : 1, CONFIG : 'N U T, 0, 0, 0',
   X =   450.930  mm, Y = 188.970  mm, Z =  -163.200  mm,
   W = -180.000 deg,  P =    0.000 deg,  R =    90.000 deg
};
P[25]{
   GP1:
  UF : 0, UT : 1, CONFIG : 'N U T, 0, 0, 0',
   X =   450.930  mm, Y = 188.970  mm, Z =  -219.920  mm,
   W = -180.000 deg,  P =    0.000 deg,  R =    90.000 deg
};
P[26]{
   GP1:
  UF : 0, UT : 1, CONFIG : 'N U T, 0, 0, 0',
   X =   450.930  mm, Y = 188.970  mm, Z =  -154.120  mm,
   W = -180.000 deg,  P =    0.000 deg,  R =    90.000 deg
};
P[27]{
   GP1:
  UF : 0, UT : 1, CONFIG : 'N U T, 0, 0, 0',
   X =   352.930  mm, Y = 164.240  mm, Z =  -140.270  mm,
   W = -180.000 deg,  P =    0.000 deg,  R =   -90.000 deg
};
P[28]{
   GP1:
  UF : 0, UT : 1, CONFIG : 'N U T, 0, 0, 0',
   X =   352.930  mm, Y = 164.240  mm, Z =  -207.820  mm,
   W = -180.000 deg,  P =    0.000 deg,  R =   -90.000 deg
};
P[29]{
   GP1:
  UF : 0, UT : 1, CONFIG : 'N U T, 0, 0, 0',
   X =   352.930  mm, Y = 164.240  mm, Z =  -104.550  mm,
```

W = -180.000 deg, P =   0.000 deg, R = -90.000 deg
};
P[30]{
   GP1:
  UF : 0, UT : 1, CONFIG : 'N U T, 0, 0, 0',
  X =   356.090 mm, Y = 108.640 mm, Z = -148.460 mm,
  W = -180.000 deg, P =   0.000 deg, R = -90.000 deg
};
P[31]{
   GP1:
  UF : 0, UT : 1, CONFIG : 'N U T, 0, 0, 0',
  X =   356.090 mm, Y = 108.640 mm, Z = -204.630 mm,
  W = -180.000 deg, P =   0.000 deg, R = -90.000 deg
};
P[32]{
   GP1:
  UF : 0, UT : 1, CONFIG : 'N U T, 0, 0, 0',
  X =   356.090 mm, Y = 108.640 mm, Z = -148.080 mm,
  W = 180.000 deg, P =   0.000 deg, R = -90.000 deg
};
P[33]{
   GP1:
  UF : 0, UT : 1, CONFIG : 'N U T, 0, 0, 0',
  X =   354.350 mm, Y = 55.200 mm, Z = -162.470 mm,
  W = 180.000 deg, P =   0.000 deg, R = -90.000 deg
};
P[34]{
   GP1:
  UF : 0, UT : 1, CONFIG : 'N U T, 0, 0, 0',
  X =   354.350 mm, Y = 55.200 mm, Z = -202.420 mm,
  W = 180.000 deg, P =   0.000 deg, R = -90.000 deg
};
P[35]{
   GP1:
  UF : 0, UT : 1, CONFIG : 'N U T, 0, 0, 0',
  X =   354.350 mm, Y = 55.200 mm, Z = -154.170 mm,
  W = 180.000 deg, P =   0.000 deg, R = -90.000 deg
};
P[36]{
   GP1:
  UF : 0, UT : 1, CONFIG : 'N U T, 0, 0, 0',
  X =   352.930 mm, Y = 164.240 mm, Z = -142.770 mm,
  W = -180.000 deg, P =   0.000 deg, R = -90.000 deg
};
P[37]{
   GP1:
  UF : 0, UT : 1, CONFIG : 'N U T, 0, 0, 0',

X = 352.930 mm, Y = 164.240 mm, Z = -204.620 mm,
W = -180.000 deg, P = 0.000 deg, R = -90.000 deg
};
P[38]{
  GP1:
 UF : 0, UT : 1, CONFIG : 'N U T, 0, 0, 0',
 X = 352.930 mm, Y = 164.240 mm, Z = -138.650 mm,
 W = -180.000 deg, P = 0.000 deg, R = -90.000 deg
};
P[39]{
  GP1:
 UF : 0, UT : 1, CONFIG : 'N U T, 0, 0, 0',
 X = 354.350 mm, Y = 55.200 mm, Z = -152.110 mm,
 W = -180.000 deg, P = 0.000 deg, R = -90.000 deg
};
P[40]{
  GP1:
 UF : 0, UT : 1, CONFIG : 'N U T, 0, 0, 0',
 X = 354.350 mm, Y = 55.200 mm, Z = -202.420 mm,
 W = 180.000 deg, P = 0.000 deg, R = -90.000 deg
};
P[41]{
  GP1:
 UF : 0, UT : 1, CONFIG : 'N U T, 0, 0, 0',
 X = 354.350 mm, Y = 55.200 mm, Z = -131.540 mm,
 W = -180.000 deg, P = 0.000 deg, R = -90.000 deg
};
P[42]{
  GP1:
 UF : 0, UT : 1, CONFIG : 'N U T, 0, 0, 0',
 X = 353.550 mm, Y = -134.020 mm, Z = -204.570 mm,
 W = -180.000 deg, P = 0.000 deg, R = 90.000 deg
};
P[43]{
  GP1:
 UF : 0, UT : 1, CONFIG : 'N U T, 0, 0, 0',
 X = 354.350 mm, Y = 55.200 mm, Z = -142.150 mm,
 W = -180.000 deg, P = 0.000 deg, R = -90.000 deg
};
P[44]{
  GP1:
 UF : 0, UT : 1, CONFIG : 'N U T, 0, 0, 0',
 X = 395.050 mm, Y = 55.200 mm, Z = -202.420 mm,
 W = -180.000 deg, P = 0.000 deg, R = -90.000 deg
};
P[45]{
  GP1:

  UF : 0, UT : 1, CONFIG : 'N U T, 0, 0, 0',
  X =   373.890 mm, Y = 55.200 mm, Z = -202.420 mm,
  W = 180.000 deg, P =   0.000 deg, R =   -90.000 deg
};
P[46]{
   GP1:
  UF : 0, UT : 1, CONFIG : 'N U T, 0, 0, 0',
  X =   373.890 mm, Y = 55.200 mm, Z = -86.510 mm,
  W = -180.000 deg, P =   0.000 deg, R = -90.000 deg
};
P[47]{
   GP1:
  UF : 0, UT : 1, CONFIG : 'N U T, 0, 0, 0',
  X =   354.350 mm, Y = 55.200 mm, Z = -148.810 mm,
  W = -180.000 deg, P =   0.000 deg, R =   -90.000 deg
};
P[48]{
   GP1:
  UF : 0, UT : 1, CONFIG : 'N U T, 0, 0, 0',
  X =   354.350 mm, Y = 55.200 mm, Z = -135.550 mm,
  W = -180.000 deg, P =   0.000 deg, R =   -90.000 deg
};
P[49]{
   GP1:
  UF : 0, UT : 1, CONFIG : 'N U T, 0, 0, 0',
  X =   154.170 mm, Y = -201.360 mm, Z = -39.040 mm,
  W = -180.000 deg, P =   0.000 deg, R = -90.000 deg
};
P[50]{
   GP1:
  UF : 0, UT : 1, CONFIG : 'N U T, 0, 0, 0',
  X =   154.170 mm, Y = -201.360 mm, Z = -68.070 mm,
  W = 180.000 deg, P =   0.000 deg, R = -90.000 deg
};
P[51]{
   GP1:
  UF : 0, UT : 1, CONFIG : 'N U T, 0, 0, 0',
  X =   154.170 mm, Y = -201.360 mm, Z = -16.770 mm,
  W = 180.000 deg, P =   0.000 deg, R = -90.000 deg
};
P[52]{
   GP1:
  UF : 0, UT : 1, CONFIG : 'N U T, 0, 0, 0',
  X =   275.730 mm, Y = 2.720 mm, Z = -168.830 mm,
  W = -180.000 deg, P = 0.000 deg, R = -180.000 deg
};
P[53]{

GP1:
UF : 0, UT : 1, CONFIG : 'N U T, 0, 0, 0',
X = 275.730 mm, Y = 2.720 mm, Z = -235.660 mm,
W = -180.000 deg, P = 0.000 deg, R = -180.000 deg
};
P[54]{
  GP1:
UF : 0, UT : 1, CONFIG : 'N U T, 0, 0, 0',
X = 275.730 mm, Y = 2.720 mm, Z = -18.360 mm,
W = -180.000 deg, P = 0.000 deg, R = -180.000 deg
};
P[55]{
  GP1:
UF : 0, UT : 1, CONFIG : 'N U T, 0, 0, 0',
X = 34.310 mm, Y = -419.720 mm, Z = -18.360 mm,
W = -180.000 deg, P = 0.000 deg, R = -180.000 deg
};
P[56]{
  GP1:
UF : 0, UT : 1, CONFIG : 'N U T, 0, 0, 0',
X = 34.310 mm, Y = -419.720 mm, Z = -18.360 mm,
W = -180.000 deg, P = 0.000 deg, R = -180.000 deg
};
P[57]{
  GP1:
UF : 0, UT : 1, CONFIG : 'N U T, 0, 0, 0',
X = 34.310 mm, Y = -419.720 mm, Z = -18.360 mm,
W = -180.000 deg, P = 0.000 deg, R = -180.000 deg
};
P[58]{
  GP1:
UF : 0, UT : 1, CONFIG : 'N U T, 0, 0, 0',
X = 34.310 mm, Y = -419.720 mm, Z = -18.360 mm,
W = -180.000 deg, P = 0.000 deg, R = -180.000 deg
};
P[59]{
  GP1:
UF : 0, UT : 1, CONFIG : 'N U T, 0, 0, 0',
X = 34.310 mm, Y = -419.720 mm, Z = -18.360 mm,
W = -180.000 deg, P = 0.000 deg, R = -180.000 deg
};
P[60]{
  GP1:
UF : 0, UT : 1, CONFIG : 'N U T, 0, 0, 0',
X = 292.890 mm, Y = -31.480 mm, Z = -18.360 mm,
W = -180.000 deg, P = 0.000 deg, R = -180.000 deg
};
P[61]{

```
    GP1:
   UF : 0, UT : 1, CONFIG : 'N U T, 0, 0, 0',
   X =    275.730  mm, Y =  2.720  mm, Z =  -139.300  mm,
   W = -180.000 deg,   P =  0.000 deg,  R =  -180.000 deg
};
P[62]{
    GP1:
   UF : 0, UT : 1, CONFIG : 'N U T, 0, 0, 0',
   X =    275.730  mm, Y =  2.720  mm, Z =  -235.660  mm,
   W = -180.000 deg,  P =  0.000 deg,  R =  -180.000 deg
};
P[63]{
    GP1:
   UF : 0, UT : 1, CONFIG : 'N U T, 0, 0, 0',
   X =    275.730  mm, Y =  2.720  mm, Z =   -51.530  mm,
   W = -180.000 deg,  P =  0.000 deg,  R =  -180.000 deg
};
/END


/PROG   FPRG1           1号轨迹
/ATTR
OWNER = MNEDITOR;
COMMENT = "SimPRO Auto-Gen";
PROG_SIZE = 858;
CREATE = DATE 18-05-21  TIME 19:50:22;
MODIFIED = DATE 18-05-21    TIME 19:50:22;
FILE_NAME = ;
VERSION = 0;
LINE_COUNT = 13;
MEMORY_SIZE = 1178;
PROTECT = READ_WRITE;
TCD:  STACK_SIZE = 0,
        TASK_PRIORITY = 50,
        TIME_SLICE = 0,
        BUSY_LAMP_OFF = 0,
        ABORT_REQUEST = 0,
        PAUSE_REQUEST = 0;
DEFAULT_GROUP = 1,*,*,*,*;
CONTROL_CODE = 00000000 00000000;
/MN
   1:  !SimPRO Auto-Generated TPP ;
   2:  !guijiban, Feature1 ;
   3:   ;
   4:  UFRAME_NUM[GP1]=0 ;
   5:  UTOOL_NUM[GP1]=1 ;
   6:   ;
   7:  !Segment1 ;
   8:J P[1] 100% FINE       ;
```

```
   9:L P[2] 50mm/sec CNT100      ;
  10:L P[3] 50mm/sec CNT100      ;
  11:L P[4] 50mm/sec CNT100      ;
  12:L P[5] 50mm/sec CNT100      ;
  13:L P[6] 50mm/sec FINE        ;
/POS
P[1]{
  GP1:
 UF : 0, UT : 1, CONFIG : 'N U T, 0, 0, 0',
 X =    14.496  mm, Y = -245.414  mm, Z = -184.926  mm,
 W = -180.000 deg, P =      0.000 deg,  R = -180.000 deg
};
P[2]{
  GP1:
 UF : 0, UT : 1, CONFIG : 'N U T, 0, 0, 0',
 X =   -23.492  mm, Y = -245.414  mm, Z = -184.926  mm,
 W = -180.000 deg, P =      0.000 deg,  R = -180.000 deg
};
P[3]{
  GP1:
 UF : 0, UT : 1, CONFIG : 'N U T, 0, 0, 0',
 X =   -23.492  mm, Y = -290.414  mm, Z = -184.926  mm,
 W = -180.000 deg, P =      0.000 deg,  R = -180.000 deg
};
P[4]{
  GP1:
 UF : 0, UT : 1, CONFIG : 'N U T, 0, 0, 0',
 X =    21.508  mm, Y = -290.414  mm, Z = -184.926  mm,
 W = -180.000 deg, P =      0.000 deg,  R = -180.000 deg
};
P[5]{
  GP1:
 UF : 0, UT : 1, CONFIG : 'N U T, 0, 0, 0',
 X =    21.508  mm, Y = -245.414  mm, Z = -184.926  mm,
 W = -180.000 deg, P =      0.000 deg,  R = -180.000 deg
};
P[6]{
  GP1:
 UF : 0, UT : 1, CONFIG : 'N U T, 0, 0, 0',
 X =    14.496  mm, Y = -245.414  mm, Z = -184.926  mm,
 W = -180.000 deg, P =      0.000 deg,  R = -180.000 deg
};
/END


/PROG   FPRG2   2号轨迹
/ATTR
OWNER = MNEDITOR;
```

```
COMMENT = "SimPRO Auto-Gen";
PROG_SIZE = 867;
CREATE = DATE 18-05-21  TIME 19:51:46;
MODIFIED = DATE 18-05-21  TIME 19:51:46;
FILE_NAME = ;
VERSION = 0;
LINE_COUNT = 11;
MEMORY_SIZE = 1195;
PROTECT = READ_WRITE;
TCD:  STACK_SIZE = 0,
      TASK_PRIORITY = 50,
      TIME_SLICE = 0,
      BUSY_LAMP_OFF = 0,
      ABORT_REQUEST = 0,
      PAUSE_REQUEST = 0;
DEFAULT_GROUP = 1,*,*,*,*;
CONTROL_CODE = 00000000 00000000;
/MN
   1:  !SimPRO Auto-Generated TPP ;
   2:  !guijiban, Feature2 ;
   3:   ;
   4:  UFRAME_NUM[GP1]=0 ;
   5:  UTOOL_NUM[GP1]=1 ;
   6:   ;
   7:  !Segment1 ;
   8:J P[1] 100% FINE      ;
   9:C P[2]
    :  P[3] 50mm/sec CNT100      ;
  10:C P[4]
    :  P[5] 50mm/sec CNT100      ;
  11:C P[6]
    :  P[7] 50mm/sec FINE      ;
/POS
P[1]{
  GP1:
 UF : 0, UT : 1, CONFIG : 'N U T, 0, 0, 0',
  X =    12.213  mm, Y = -357.895  mm, Z = -184.924  mm,
  W =  180.000 deg, P =       0.000 deg, R =   139.546 deg
};
P[2]{
  GP1:
 UF : 0, UT : 1, CONFIG : 'N U T, 0, 0, 0',
  X =    -6.618  mm, Y = -353.721  mm, Z = -184.924  mm,
  W =  180.000 deg,  P =       0.000 deg, R =   139.546 deg
};
P[3]{
  GP1:
```

```
UF : 0, UT : 1, CONFIG : 'N U T, 0, 0, 0',
 X =  -20.993 mm, Y = -372.914 mm, Z = -184.924 mm,
 W = 180.000 deg, P =     0.000 deg, R =  139.546 deg
};
P[4]{
  GP1:
 UF : 0, UT : 1, CONFIG : 'N U T, 0, 0, 0',
 X =   -3.451 mm, Y = -392.763 mm, Z = -184.924 mm,
 W = 180.000 deg, P =     0.000 deg, R =  139.546 deg
};
P[5]{
  GP1:
 UF : 0, UT : 1, CONFIG : 'N U T, 0, 0, 0',
 X =   19.007 mm, Y = -372.914 mm, Z = -184.924 mm,
 W = 180.000 deg, P =     0.000 deg, R =  139.546 deg
};
P[6]{
  GP1:
 UF : 0, UT : 1, CONFIG : 'N U T, 0, 0, 0',
 X =   17.723 mm, Y = -365.866 mm, Z = -184.924 mm,
 W = 180.000 deg, P =     0.000 deg, R =  139.546 deg
};
P[7]{
  GP1:
 UF : 0, UT : 1, CONFIG : 'N U T, 0, 0, 0',
 X =   12.213 mm, Y = -357.895 mm, Z = -184.924 mm,
 W = 180.000 deg, P =     0.000 deg, R =  139.546 deg
};
/END


/PROG   FPRG3   3号轨迹
/ATTR
OWNER = MNEDITOR;
COMMENT = "SimPRO Auto-Gen";
PROG_SIZE = 801;
CREATE = DATE 18-05-21   TIME 19:55:20;
MODIFIED = DATE 18-05-21   TIME 19:55:20;
FILE_NAME = ;
VERSION = 0;
LINE_COUNT = 12;
MEMORY_SIZE = 1125;
PROTECT = READ_WRITE;
TCD:   STACK_SIZE = 0,
       TASK_PRIORITY = 50,
       TIME_SLICE = 0,
       BUSY_LAMP_OFF = 0,
       ABORT_REQUEST = 0,
```

```
        PAUSE_REQUEST = 0;
DEFAULT_GROUP = 1,*,*,*,*;
CONTROL_CODE = 00000000 00000000;
/MN
   1:  !SimPRO Auto-Generated TPP ;
   2:  !guijiban, Feature3 ;
   3:  ;
   4:  UFRAME_NUM[GP1]=0 ;
   5:  UTOOL_NUM[GP1]=1 ;
   6:  ;
   7:  !Segment1 ;
   8:J P[1] 100% FINE      ;
   9:L P[2] 50mm/sec CNT100      ;
  10:L P[3] 50mm/sec CNT100      ;
  11:L P[4] 50mm/sec CNT100      ;
  12:L P[5] 50mm/sec FINE      ;
/POS
P[1]{
  GP1:
  UF : 0, UT : 1, CONFIG : 'N U T, 0, 0, 0',
  X = -140.698  mm, Y = -384.057  mm, Z = -184.924  mm,
  W = 180.000 deg,  P =    0.000 deg,  R =   60.000 deg
};
P[2]{
  GP1:
  UF : 0, UT : 1, CONFIG : 'N U T, 0, 0, 0',
  X = -128.491  mm, Y = -362.914  mm, Z = -184.924  mm,
  W = 180.000 deg,  P =    0.000 deg,  R =   60.000 deg
};
P[3]{
  GP1:
  UF : 0, UT : 1, CONFIG : 'N U T, 0, 0, 0',
  X = -173.491  mm, Y = -362.914  mm, Z = -184.924  mm,
  W = 180.000 deg,  P =    0.000 deg,  R =   60.000 deg
};
P[4]{
  GP1:
  UF : 0, UT : 1, CONFIG : 'N U T, 0, 0, 0',
  X = -150.991  mm, Y = -401.885  mm, Z = -184.924  mm,
  W = 180.000 deg, P =    0.000 deg,  R =   60.000 deg
};
P[5]{
  GP1:
  UF : 0, UT : 1, CONFIG : 'N U T, 0, 0, 0',
  X = -140.698  mm, Y = -384.057  mm, Z = -184.924  mm,
  W = 180.000 deg,  P =    0.000 deg,  R =   60.000 deg
};
```

/END

/PROG　FPRG4　4号轨迹
/ATTR
OWNER = MNEDITOR;
COMMENT = "SimPRO Auto-Gen";
PROG_SIZE = 972;
CREATE = DATE 18-05-21　TIME 19:56:14;
MODIFIED = DATE 18-05-21　TIME 19:56:14;
FILE_NAME = ;
VERSION = 0;
LINE_COUNT = 15;
MEMORY_SIZE = 1284;
PROTECT = READ_WRITE;
TCD:　STACK_SIZE = 0,
　　　　TASK_PRIORITY = 50,
　　　　TIME_SLICE = 0,
　　　　BUSY_LAMP_OFF = 0,
　　　　ABORT_REQUEST = 0,
　　　　PAUSE_REQUEST = 0;
DEFAULT_GROUP = 1,*,*,*,*;
CONTROL_CODE = 00000000 00000000;
/MN
　　1:　!SimPRO Auto-Generated TPP ;
　　2:　!guijiban, Feature4 ;
　　3:　;
　　4:　UFRAME_NUM[GP1]=0 ;
　　5:　UTOOL_NUM[GP1]=1 ;
　　6:　;
　　7:　!Segment1 ;
　　8:J P[1] 100% FINE　　　;
　　9:L P[2] 50mm/sec CNT100　　;
　10:L P[3] 50mm/sec CNT100　　;
　11:L P[4] 50mm/sec CNT100　　;
　12:L P[5] 50mm/sec CNT100　　;
　13:L P[6] 50mm/sec CNT100　　;
　14:L P[7] 50mm/sec CNT100　　;
　15:L P[8] 50mm/sec FINE　　　;
/POS
P[1]{
　GP1:
　UF : 0, UT : 1, CONFIG : 'N U T, 0, 0, 0',
　X = -127.400 mm, Y = -256.818 mm, Z = -184.923 mm,
　W = 180.000 deg, P = 　0.000 deg, R = 　-60.000 deg
};
P[2]{
　GP1:

```
   UF : 0, UT : 1, CONFIG : 'N U T, 0, 0, 0',
   X = -120.993  mm, Y = -267.914  mm, Z = -184.923  mm,
   W =  180.000 deg,  P =      0.000 deg,  R =   -60.000 deg
};
P[3]{
   GP1:
   UF : 0, UT : 1, CONFIG : 'N U T, 0, 0, 0',
   X = -135.993  mm, Y = -293.895  mm, Z = -184.923  mm,
   W =  180.000 deg,  P =      0.000 deg,  R =   -60.000 deg
};
P[4]{
   GP1:
   UF : 0, UT : 1, CONFIG : 'N U T, 0, 0, 0',
   X = -165.993  mm, Y = -293.895  mm, Z = -184.923  mm,
   W =  180.000 deg,  P =      0.000 deg,  R =   -60.000 deg
};
P[5]{
   GP1:
   UF : 0, UT : 1, CONFIG : 'N U T, 0, 0, 0',
   X = -180.993  mm, Y = -267.914  mm, Z = -184.923  mm,
   W =  180.000 deg,  P =      0.000 deg,  R =   -60.000 deg
};
P[6]{
   GP1:
   UF : 0, UT : 1, CONFIG : 'N U T, 0, 0, 0',
   X = -165.993  mm, Y = -241.933  mm, Z = -184.923  mm,
   W =  180.000 deg,  P =      0.000 deg,  R =   -60.000 deg
};
P[7]{
   GP1:
   UF : 0, UT : 1, CONFIG : 'N U T, 0, 0, 0',
   X = -135.993  mm, Y = -241.933  mm, Z = -184.923  mm,
   W =  180.000 deg,  P =      0.000 deg,  R =   -60.000 deg
};
P[8]{
   GP1:
   UF : 0, UT : 1, CONFIG : 'N U T, 0, 0, 0',
   X = -127.400  mm, Y = -256.818  mm, Z = -184.923  mm,
   W =  180.000 deg,  P =      0.000 deg,  R =   -60.000 deg
};
/END
```

项目测试

简答题：在设置位置时，应该在什么时候勾选"Lock All Location Values"。

项目 ⑲

实战案例：智能柔性生产线的虚拟仿真

项目描述

本项目引入真实的智能柔性生产线案例，进行虚拟仿真实战操作。

项目实施

一、新建工作单元

1）打开ROBOGUIDE后单击工具栏上的新建按钮▢，或单击"File"下拉菜单的"New Cell"，建立一个新的工作环境，如图19-1所示。

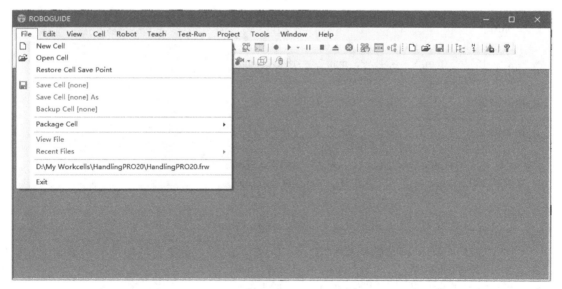

图 19-1

2）在图19-2所示对话框中选择需要的内容进行仿真，确定后单击"Next"按钮，进入图19-3所示下一个步骤。

3）在图19-3所示对话框中确定仿真的命名，即在"Name"中输入仿真的名字，也可以用默认的命名。命名完成后单击"Next"按钮，进入图19-4所示选择步骤。

4）在图19-4中选用第一项创建一个新的机器人，单击"Next"按钮，进入图19-5所示对话框。

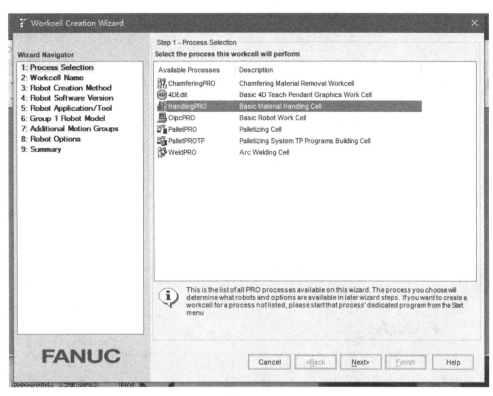

图　19-2

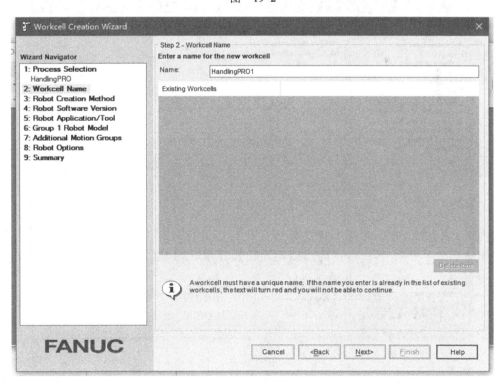

图　19-3

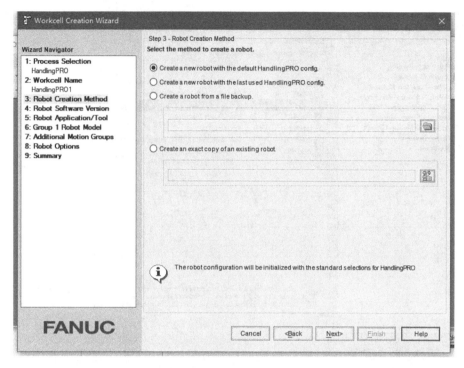

图　19-4

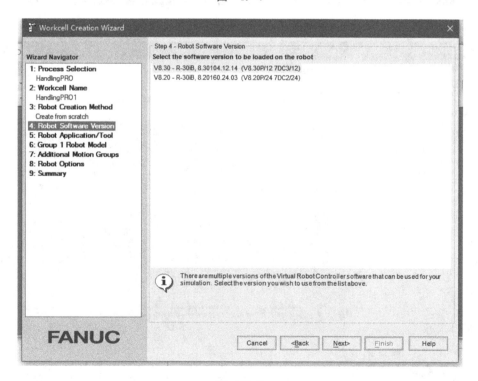

图　19-5

5）在图19-5所示对话框中选择一个安装在机器人上的软件版本，选择最高版本，单击"Next"按钮，进入图19-6所示对话框。

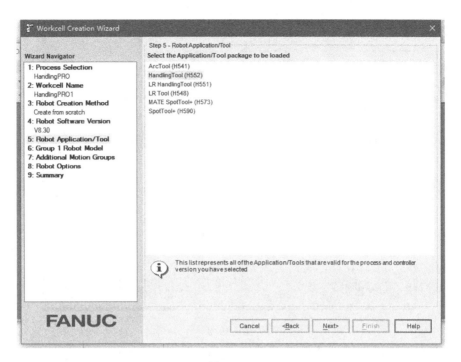

图 19-6

6）在图19-6所示对话框中根据仿真的需要选择合适的应用，然后单击"Next"，进入图19-7所示选择对话框。

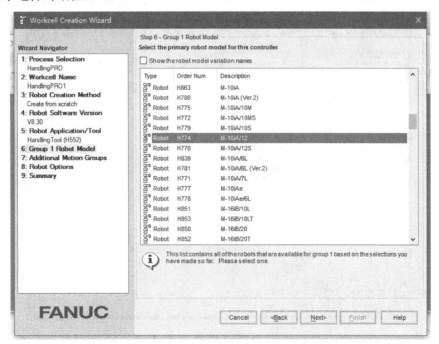

图 19-7

7）在图19-7所示对话框中选择仿真所用的机器人，这里几乎包含了所有的机器人类型，如果选型错误，可以在创建之后再更改。单击"Next"按钮，进入图19-8所示选择对话框。

199

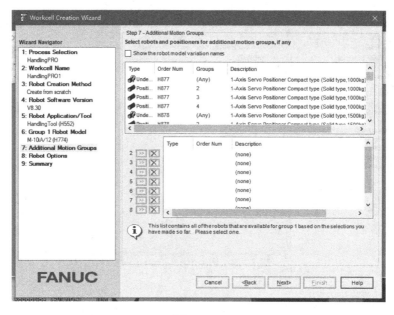

图　19-8

8）在图19-8所示对话框中继续添加额外的机器人（也可在建立工作单元之后添加），还可添加Group2～7的设备，如变位机等。然后单击"Next"按钮，进入图19-9所示选择对话框。

9）在智能柔性生产线的虚拟仿真应用中，需要在图19-9所示对话框中添加附加轴选项"Extended Axis Control（J518）"，然后单击"Next"，进入图19-10所示选择对话框。

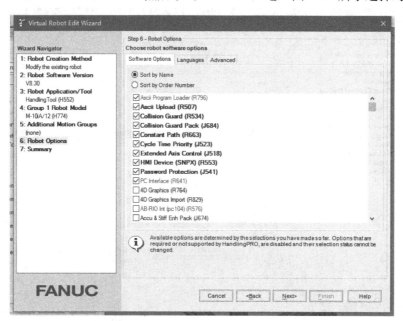

图　19-9

10）在图19-10所示对话框中单击"Finish"完成工作环境的建立，进入图19-11所示仿真环境对话框。

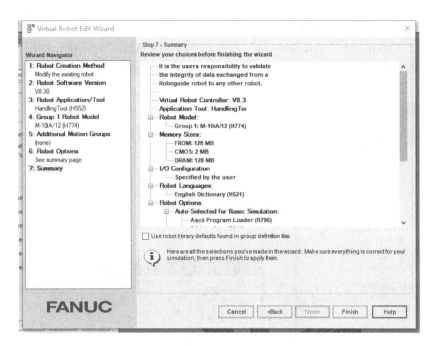

图　19-10

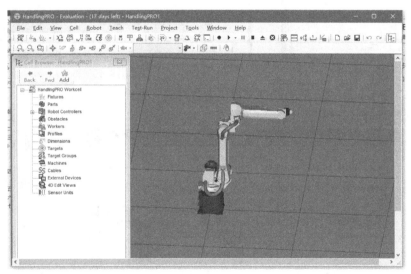

图　19-11

二、智能柔性生产线虚拟仿真软件的环境搭建

1. ROBOGUIDE的硬件环境

ROBOGUIDE中可添加各类实体对象，这些对象可分为三部分，一部分是ROBOGUIDE中自带的模型库，一部分是通过其他三维软件导入的IGS或STL格式的模型文件，还有一部分是简易的三维模型，如长方体、圆柱体和球体。模型加载到ROBOGUIDE中的位置主要可分为Fixtures、Parts和Obstacles。

将物体模型添加到ROBOGUIDE中的Fixtures后，可以在此Fixture上附加一个Part，当移动Fixture时，附加在它上面的Part也随之一起移动。添加Fixtures的方法为单击面板上的 ![图标] 图标，或者单击"View"→"Cell Browser"，打开"Cell Browser"对话框，如图19-12所示。

"Cell Browser"对话框中，第一项为Fixtures，右击出现Add Fixture（图19-13），且后面有六个选项，这六个选项可分为三类。

图 19-12

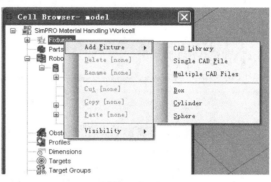

图 19-13

第一类CAD Library是加载ROBOGUIDE中自带的三维模型库，包括传送带、夹具、加工中心等，选择后如图19-14所示。

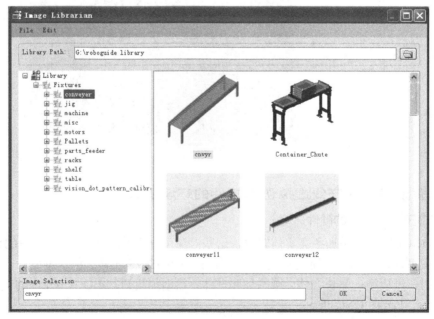

图 19-14

第二类Single CAD File和Multiple CAD Files是加载由其他三维软件所导入的IGS格式的三维模型，其中Single CAD File是单个加载模型，Multiple CAD Files是一次加载多个模型，并可以选择是否将这些模型合为一个整体，若合为一个整体，则这些模型会将各自的原点坐标系重合。

第三类Box、Cylinder和Sphere为简易的三维模型，即长方体、圆柱体和球体三种，加载时以默认的尺寸载入，然后可根据需要进行修改。

当添加了一个Fixture后，可在"Cell Browser"对话框中双击该Fixture，或在工作环境中双击Fixture的模型，打开Fixture的属性对话框，如图19-15所示。

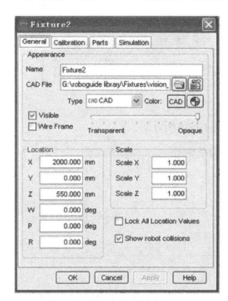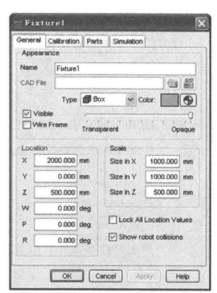

图　19-15

2. 智能柔性生产线虚拟硬件环境的搭建

（1）物料架的添加　将物料架模型添加到ROBOGUIDE中的Fixtures，右击"Fixtures"，单击"Add Fixture"→"Single CAD File"，添加物料架，如图19-16和图19-17所示。

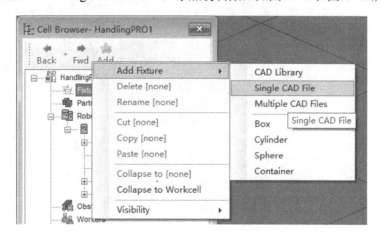

图　19-16

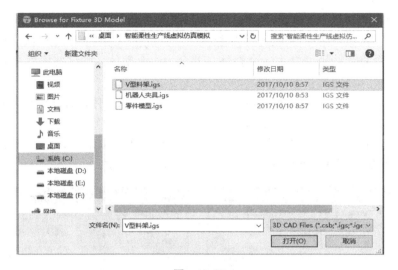

图　19-17

注意：ROBOGUIDE支持的3D CAD格式如图19-18所示。

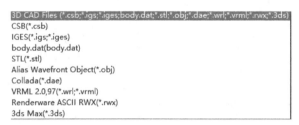

图　19-18

添加完成，ROBOGUIDE弹出Fixture设置对话框，按布局图设置相应的位置数据，单击"Apply"按钮预览效果，单击"OK"按钮完成设置，如图19-19所示。

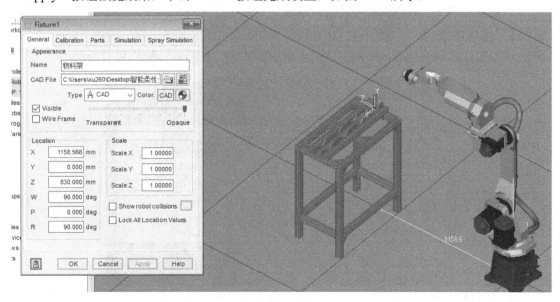

图　19-19

再添加一个同样的物料架，单击"Fixtures"，右击"物料架"，单击"Copy物料架"，如图19-20所示，随后右击"Fixtures"，单击"Paste物料架"，完成复制操作，如图19-21所示。

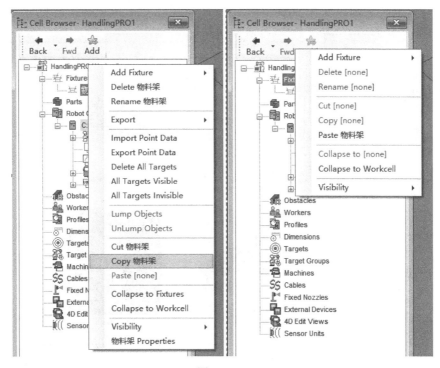

图 19-20

（2）输送线的添加　将输送线添加到ROBOGUIDE中的Fixtures，右击"Fixtures"，单击"Add Fixture>CAD Library"，添加输送线，如图19-22和图19-23所示。

添加完成，ROBOGUIDE弹出Fixture设置对话框，按布局图设置相应的位置数据，单击"Apply"按钮预览效果，单击"OK"按钮完成设置，如图19-24所示。

（3）工业机器人夹具的添加　将工业机器人夹具添加到ROBOGUIDE中的Tooling，右击"Tooling"下子菜单"UT:1（Eoat 1），单击"Add Link"，单击"CAD File"，添加工业机器人夹具，如图19-25～图9-27所示。

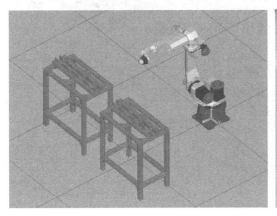

图 19-21

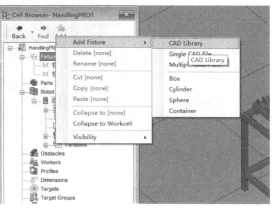

图 19-22

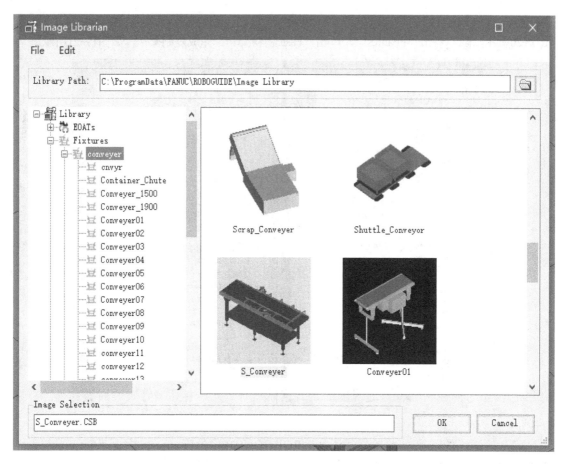

图 19-23

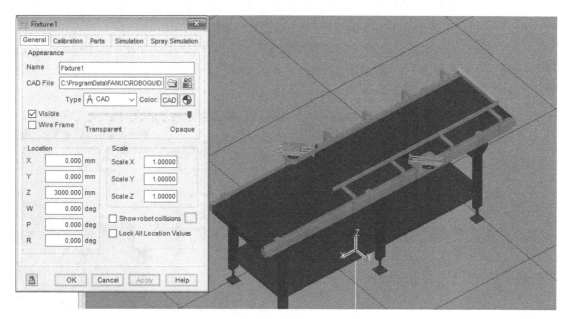

图 19-24

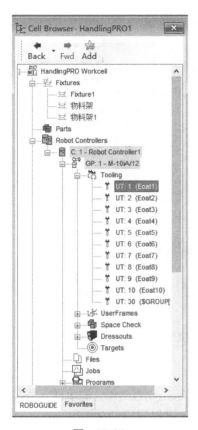

图 19-25

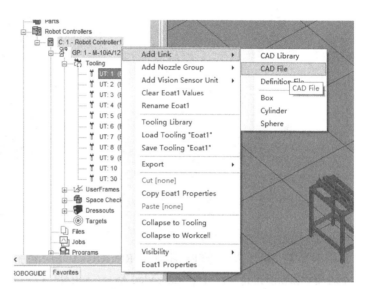

图 19-26

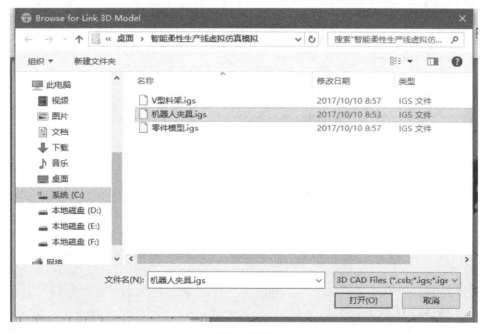

图 19-27

添加完成，ROBOGUIDE弹出Link设置对话框，按布局图设置相应的位置数据，单击

"Apply"按钮预览效果，单击"OK"按钮完成设置，如图19-28所示。

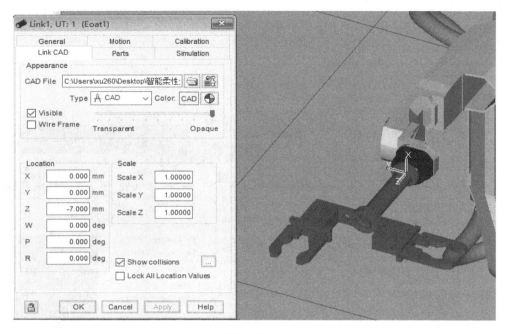

图 19-28

（4）工业机器人行走轴的添加 ROBOGUIDE中添加电动机控制行走轴，在创建工作单元时要添加相应的软件J518（Extended Axis Control）行走轴，配置如图19-29所示。

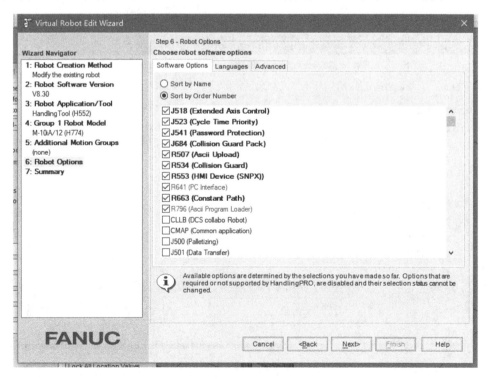

图 19-29

打开新建的工作单元后，行走轴的设置需要在Controlled Start（控制启动）模式下进行。

进入控制启动模式后，在TP对话框单击"Menu"按钮，选择"9 MAINTENANCE"。移动光标至"Extended Axis Control"，按 F4 "MANUAL"，如图19-30所示。

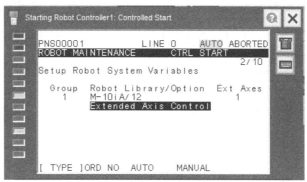

图　19-30

输入"1.GROUP1"，如图19-31所示，按"ENTER"按钮。

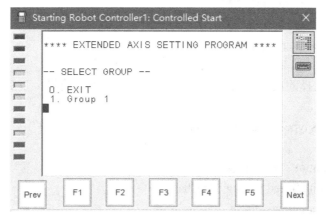

图　19-31

此行走轴作为Group1机器人的第七轴，所以输入"7"（若之前添加过一个附加轴就为8），如图19-32所示。

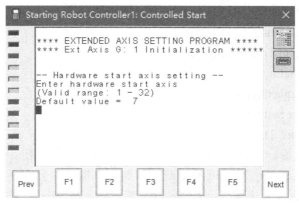

图　19-32

选择"2.Add Ext axes"添加附加轴，如图19-33所示，按"ENTER"按钮。

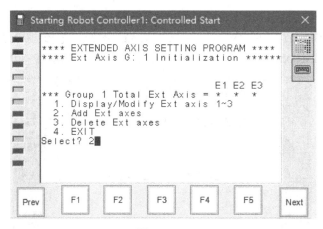

图 19-33

接下来，TP对话框将出现一系列的提问设置，分别回答如下：

1. Eenter the axis to add：1

2. Motor Selection：选择电动机

3. Motor Size：选择电动机型号

4. Motor Type Setting：选择电动机转速

5. Amplifier Current Limit Setting：选择电流

（注意：如果选择的电动机没有，将会失败，提示重新选择，直到选择了匹配的电动机为止）

6. Extended axis type：Integrated Rail(Linear axis)

7. Direction：2

8. Enter gear Ratio：输入减速比

9. Maximum joint Speed Setting: No Change

10. Motion Sign Setting：False

11. Upper Limit Setting：5000（假如导轨行程是5000mm）

12. Lower Limit Setting：0

13. Master Position Setting：0

14. Accel Time 1 Setting: NO Change

15. Accel Time 2 Setting: NO Change

16. Minimum Accel Time Setting：No Change

17. Load Ration Setting：2

18. Amplifier Number Setting：1

19. Brake Number Setting：2

20. Servo Timeout：Disable

回答这些问题之后，选择"Exit"按钮，按"ENTER"按钮。（注意：如果想再添加一个行走轴，可以选择"2. Add Ext axes"继续添加，并且在后面的设置中回答问题"Eenter the axis to add"，出现"select group"菜单，选择"Exit"按钮，按ENTER按钮，然后按TP上的"Fctn"按钮，选择"Start（cold）"，机器人开始重启。）

ROBOGUIDE软件的库中自带了行走轴的数模，利用这个数模建立一个机器人行走轴。单击主菜单的"Tools"，选择"Rail Unit Creator Menu"，如图19-34所示，弹出图19-35所示对话框，设置相应的参数，单击"Exec"按钮，完成工业机器人行走轴添加，如图19-36所示。

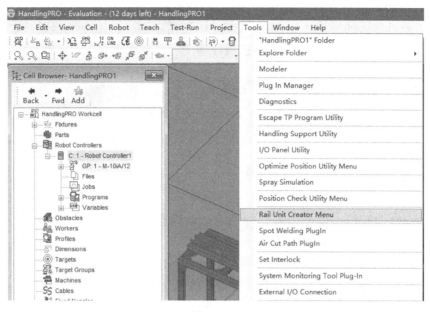

图　19-34

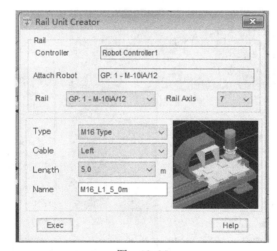

图　19-35

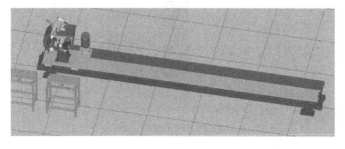

图　19-36

（5）数控加工中心的添加　ROBOGUIDE中添加两台数控加工中心，右击"Machines"，单击"Add Machines"→"CAD Labrary"→"alpha-T14iFa"，进行第一台数控加工中心添加，然后右击"alpha-T14iFa"，单击"Copy alpha-T14iFa"，进行第二台数控加工中心添加。

（6）工业机器人的添加　ROBOGUIDE中还需添加一台工业机器人，右击"Robot Controller"，单击"Add Robot"，然后按项目3新建工作单元配置工业机器人。

（7）项目设备的位置布局

1）显示工业机器人的运动范围。单击 ，显示工业机器人的运动范围（Show/Hide Work Envelope），如图19-37所示。

① Invisible：不可见工作范围。

② UTool Zero：默认工具坐标零点的工业机器人运动范围。

③ Current UTool：用户工具坐标系的工业机器人运动范围。

图　19-37

2）修改设备的位置。

① 工业机器人的位置修改。右击 GP: 1 - M-10iA/12 Properties ，进入2#工业机器人的位置设置，如图19-38、图19-39所示。

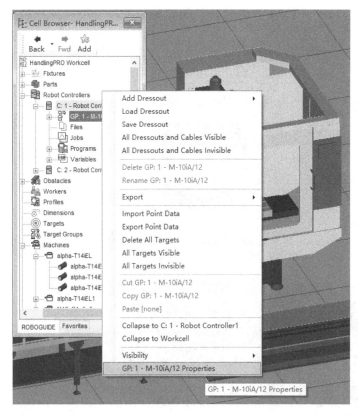

图　19-38

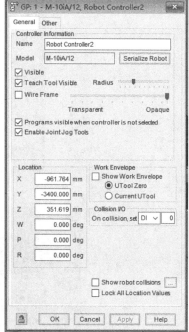

图　19-39

② 数控机床的位置修改。

a）右击 `alpha-T14iEL Properties`，进入1#数控机床的位置设置，如图19-40、图19-41所示。

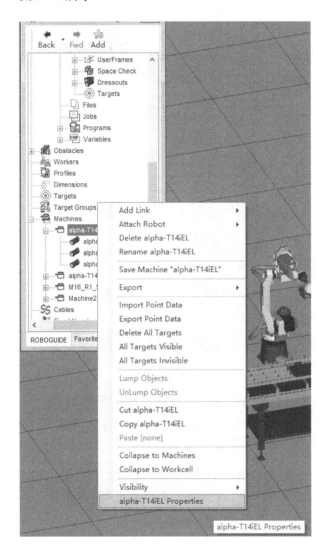

图 19-40

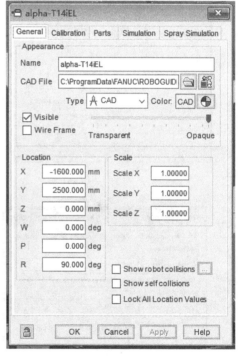

图 19-41

b）右击"alpha-T14iEL"，单击"alpha-T14iEL Properties"，进入2#数控机床的位置设置，如图19-42所示。

③ 移动地轨的位置修改。右击 `M16_R1_5_0m Properties`，进入移动地轨的位置设置，如图19-43、图19-44所示。

④ 其他部件的位置修改。右击"Properties"（属性）进行位置设置，依次设置如下：

1#物料架位置参数，如图19-45所示。

2#物料架位置参数，如图19-46所示。

成品料架支架位置设置,如图19-47所示。

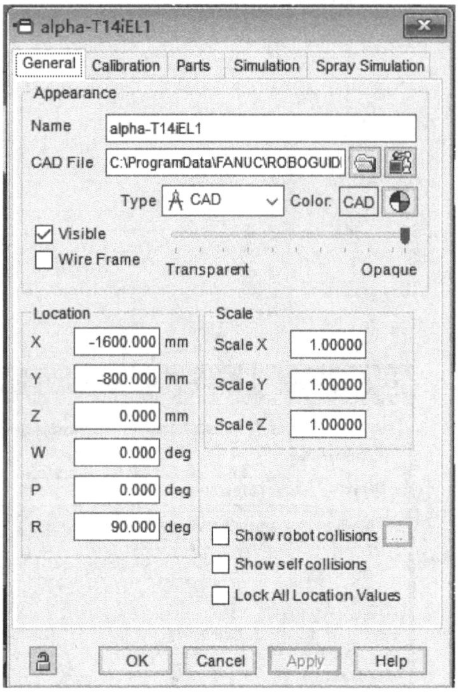

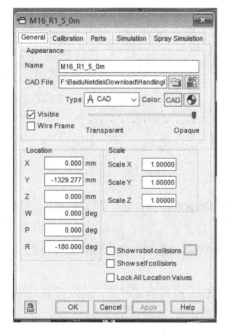

图 19-42

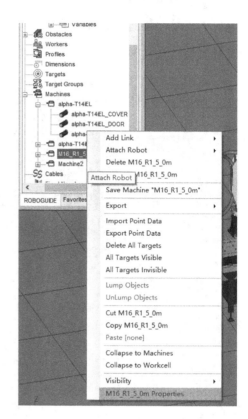

图 19-43

图 19-44

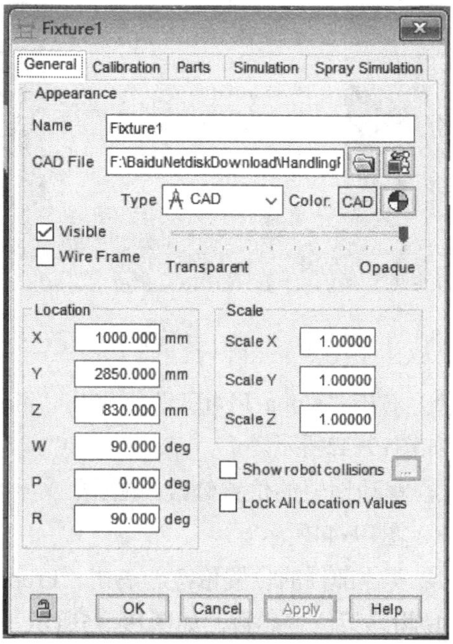

图 19-45

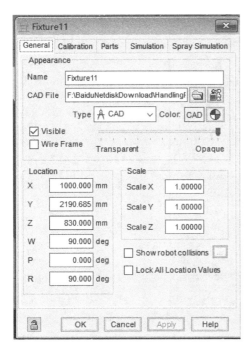

图　19-46

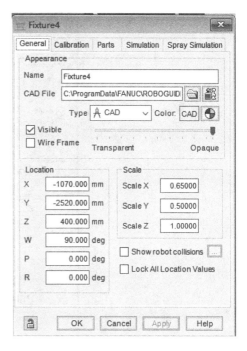

图　19-47

成品料框位置设置，如图19-48所示。

输送线位置设置，如图19-49所示。

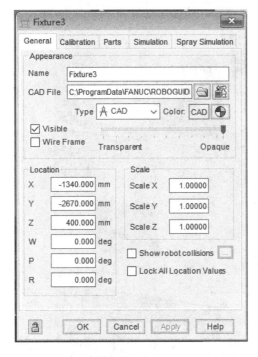

图　19-48

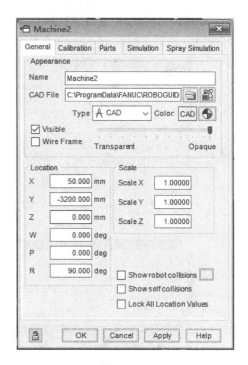

图　19-49

输送线料盘位置设置，如图19-50所示。

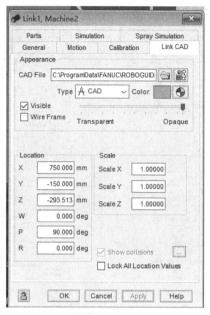

图　19-50

三、智能柔性生产线虚拟仿真软件的项目调试

1. 数控自机构的参数设置

1）安全门设置。右击1#数控机床 alpha-T14iEL_DOOR Properties ，进行Motion运动设置，如图19-51所示。然后进行General（一般）设置，确保运动方向是开门的方向，如图19-52所示。设置完成单击"Apply"按钮，完成设置。

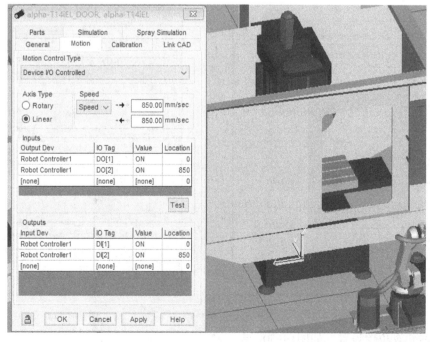

图　19-51

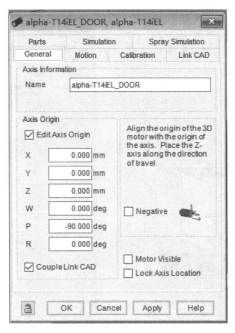

图 19-52

同理进行2#数控机床的Motion运动设置和General设置，如图19-53、图19-54所示。

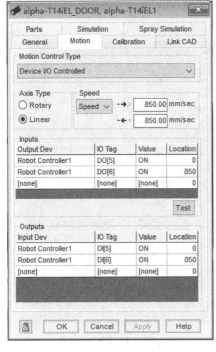

图 19-53

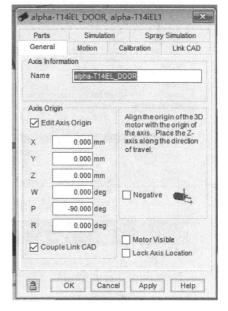

图 19-54

2）自动工作台设置。1#数控机床工作台设置和General设置如图19-55、图19-56所示。

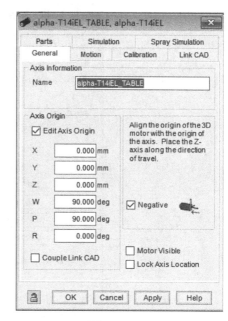

图 19-55

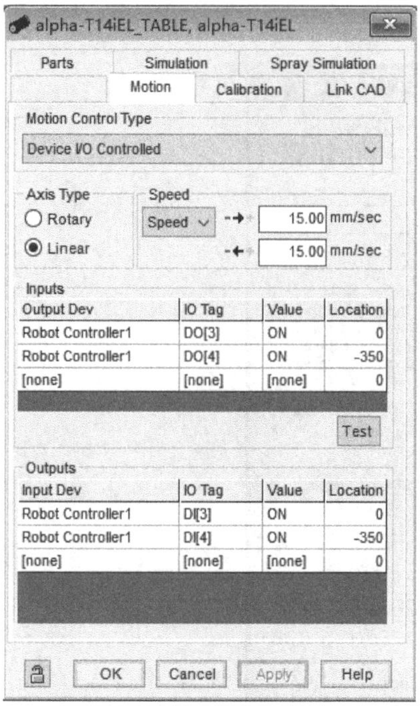

图 19-56

2#数控机床工作台设置和General设置如图19-57、图19-58所示。

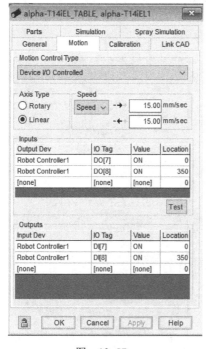

图 19-57

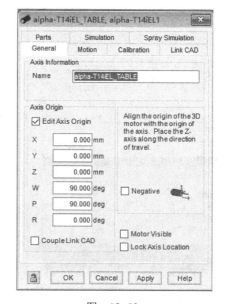

图 19-58

2. 自动输送线的参数设置

右击"Machine"，单击"Add Machine"，选择"CAD Library"，选择对应的输送线，

如图19-59、图19-60所示。

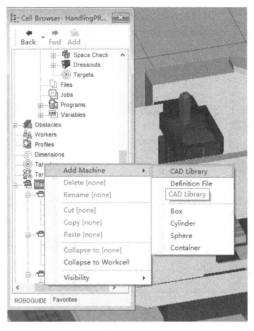

图 19-59

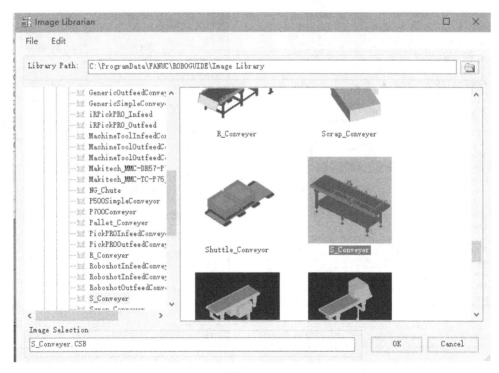

图 19-60

选择新建的机器，右击添加输送线料盘，对料盘的属性进行设置，如图19-61~图19-63所示。

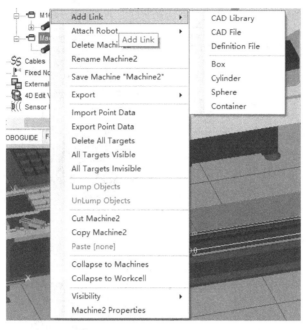

图 19-61

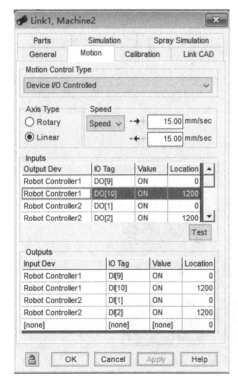

图 19-62   图 19-63

3. 仿真I/O规划

仿真I/O规划见表19-1。

表 19-1

信 号 序 号	控 制 器	输 入 信 号	输 出 信 号
1#自动门关闭	Robot1	DI1	DO1
1#自动门打开	Robot1	DI2	DO2
1#工作台加工位	Robot1	DI3	DO3
1#工作台完成位	Robot1	DI4	DO4
2#自动门关闭	Robot1	DI5	DO5
2#自动门打开	Robot1	DI6	DO6
2#工作台加工位	Robot1	DI7	DO7
2#工作台完成位	Robot1	DI8	DO8
输送线上料位	Robot1	DI9	DO9
输送线下料位	Robot1	DI10	DO10
输送线上料位	Robot2	DI1	DO1
输送线下料位	Robot2	DI2	DO2

4. 仿真流程规划

仿真流程规划如下：

1）1#工业机器人毛坯取料。

2）1#工业机器人给1#数控机床上料。

3）1#工业机器人移动地轨，至2#机床位进行上下料。

4）1#工业机器人将成品移动至输送线料盘。

5）输送线移动料盘至2#工业机器人取料位。

6）2#工业机器人取输送线料盘物料，进行产品码垛。

7）完成整个流程。

5. 仿真自动运行

在左侧菜单栏中右击"Programs"（程序），单击 Add Simulation Program ，弹出如图19-64所示对话框。

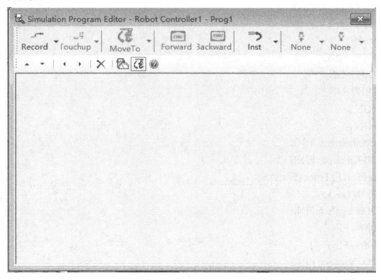

图 19-64

图19-64对话框选项说明如下：

Record（记录）：记录当前点位。

Inst（插入）：插入工业机器人相关指令。

1#工业机器人程序列表如下：

```
 1: !FANUC America Corp. ;
 2: !ROBOGUIDE Generated This TPP ;
 3: !Run SimPRO.cf to setup frame and ;
 4: UTOOL_NUM[GP1]=1 ;
 5: UFRAME_NUM[GP1]=0 ;
 6:J P[1] 100% FINE   ;
 7:L P[2] 2000mm/sec FINE    ;
 8: ! Pickup ('Part1') From ('Fixture ;
 9: !WAIT 0.00 (sec) ;
10:L P[3] 2000mm/sec FINE    ;
11:J P[4] 100% FINE   ;
12: WAIT DI[1]=ON   ;
13: DO[2]=ON ;
14: WAIT DI[3]=ON   ;
15: DO[4]=ON ;
16:J P[5] 100% FINE    ;
17:L P[6] 2000mm/sec FINE   ;
18: ! Drop ('Part1') From ('GP: 1 - U ;
19: !WAIT 0.00 (sec) ;
20:L P[7] 2000mm/sec FINE    ;
21:J P[8] 100% FINE    ;
22:L P[9] 2000mm/sec FINE    ;
23: ! Pickup ('Part1') From ('Fixture ;
24: !WAIT 0.00 (sec) ;
25:L P[10] 2000mm/sec FINE    ;
26:L P[11] 2000mm/sec FINE    ;
27: DO[1]=ON ;
28: DO[2]=OFF ;
29:J P[12] 100% FINE    ;
30: WAIT DI[5]=ON    ;
31: WAIT DI[7]=ON    ;
32: DO[6]=ON ;
33: DO[8]=ON ;
34:L P[13] 2000mm/sec FINE    ;
35:L P[14] 2000mm/sec FINE    ;
36: ! Pickup ('Part1') From ('Fixture ;
37: !WAIT 0.00 (sec) ;
38:L P[15] 2000mm/sec FINE    ;
39:J P[16] 100% FINE    ;
40:J P[17] 100% FINE    ;
41:L P[18] 2000mm/sec FINE    ;
42: ! Drop ('Part1') From ('GP: 1 - U ;
```

43: !WAIT 0.00 (sec) ;
44:L P[19] 2000mm/sec FINE   ;
45:L P[20] 2000mm/sec FINE   ;
46: DO[5]=ON ;
47: DO[7]=ON ;
48:J P[21] 100% FINE   ;
49: WAIT DI[10]=ON   ;
50: DO[9]=ON ;
51: WAIT DI[9]=ON   ;
52:J P[22] 100% FINE   ;
53:L P[23] 2000mm/sec FINE   ;
54: ! Drop ('Part1') From ('GP: 1 - U ;
55: !WAIT 0.00 (sec) ;
56:J P[24] 100% FINE   ;
57:J P[25] 100% FINE   ;
58: DO[9]=OFF ;
59: DO[10]=ON ;

2#工业机器人程序列表如下：
1: !FANUC America Corp. ;
2: !ROBOGUIDE Generated This TPP ;
3: !Run SimPRO.cf to setup frame and ;
4: UTOOL_NUM[GP1]=1 ;
5: UFRAME_NUM[GP1]=0 ;
6: DO[2]=ON ;
7: WAIT DI[2]=ON   ;
8:J P[1] 100% FINE   ;
9:L P[2] 2000mm/sec FINE   ;
10:L P[3] 2000mm/sec FINE   ;
11: ! Pickup ('Part1') From ('Fixture ;
12: !WAIT 0.00 (sec) ;
13:J P[4] 100% FINE   ;
14:J P[5] 100% FINE   ;
15:J P[6] 100% FINE   ;
16:L P[7] 2000mm/sec FINE   ;
17: ! Drop ('Part1') From ('GP: 1 - U ;
18: !WAIT 0.00 (sec) ;
19:J P[8] 100% FINE   ;

四、智能柔性生产线虚拟仿真项目的仿真视频录制

录制AVI单击工具栏中的 ▣▣ （Show/Hide Run Panel）按钮，弹出如图19-65对话框。

参数按照图19-65所示设置完成后，单击"Record"按钮即可录制AVI视频并自动保存；若单击"Run"按钮，只是根据程序播放所仿真的动作，不录制。仿真录像存放在当前仿真文件目录下的文件夹AVIs中，可通过单击"Tools"→"Explore"，再单击相应工作单元名称的文件夹快速打开。

录制过程中，可以用鼠标对仿真模型进行移动、旋转和放大、缩小，这些操作会在视频中体现出来。

图 19-65